Evolución o Catástrofe

ARTahouse
Editorial

Juan F. Benemelis
2016

Evolución o Catástrofe

Título: **Evolución o Catástrofe**

© **Copyright 2015**
Juan F. Benemelis

Diseño y maquetación:
Irma Sánchez

ARTahouse Editorial
Primera edición.

Impreso en U.S.A.

INDICE

Introducción

Introducción

Por muy indiferente o distante que cada hombre o mujer esté de la actividad científica, de práctica y actividad política y del movimiento revolucionario, se pregunta siempre a sí mismo:

¿De dónde y cómo han surgido los conocimientos científicos?

¿Qué es el bien y la justicia?

¿Qué es la conciencia y cómo se forma?

¿Cómo se forman las galaxias?

¿Qué es el magnetismo?

¿Cómo está constituida la memoria y cómo funciona?

¿Cómo será el mundo en un futuro previsible?

¿Qué espera del futuro el humano: un incendio de guerra o una vida de paz?

¿Cómo será la Tierra: un planeta lleno de vegetación y animales o el progreso científico y técnico llevará a la muerte a la naturaleza viva?

¿Y, finalmente, desaparecerán la opresión, la explotación y la injusticia social o existirán eternamente?

Pocos serán los que nunca se hayan hecho tales preguntas. No se trata de mera curiosidad; la realidad misma plantea constantemente estas interrogantes. Y el humano necesita darles contestación para determinar el rumbo de su actividad y su propio lugar en la vida correctamente y de manera racional.

Por ello, estos problemas preocupan a cada individuo y a toda la humanidad. Para responder a estas cuestiones y encontrar una solución acertada, es necesario tener conocimientos filosóficos y científicos. Por eso estas cuestiones deben y pueden ser resueltas por ambas.

Se puede decir que desde el surgimiento de la filosofía tratando de ser una concepción del mundo más o menos completa, hubo fuerzas como las hay ahora, a quienes perjudicaba la plena comprensión del mundo y por lo tanto la difusión de las concepciones científicas avanzadas.

Unas veces los retardatarios se opusieron abiertamente contra la ciencia (la consideraban cosa del "diablo", pues detrás de los dioses estaba la fe irracional y esta no daba lugar para la duda), y persiguieron con odio a los sabios y filósofos progresistas, sin que se detuvieran ante la prisión o el crimen; otras veces, se esforzaron por deformar los descubrimientos científicos, despojándolos de su contenido.

En la antigua Grecia los aristócratas reaccionarios destruían las obras de Demócrito. Aunque Epicuro fue exaltado en esa antigüedad como héroe que liberó a los humanos del miedo a los dioses, y glorificó la ciencia. Sin embargo, durante dos mil años sufrió el anatema de los "padres" de la Iglesia, que lo representaban como alguien que sembraba el libertinaje y era enemigo de la moral.

Más tarde la Inquisición creada por la Iglesia para combatir con toda saña a los pensadores avanzados, llevó a la hoguera, a las cárceles y persiguió a muchos filósofos y científicos[1]. François Marie Arouet, Voltaire, el famoso filósofo francés del siglo XVIII, estuvo recluido en la Bastilla, y la misma suerte corrió Denis Diderot, filósofo materialista de aquel tiempo, etc.

En la vida moderna no se quema en la hoguera a los científicos y filósofos avanzados, pero no facilita que en los seres humanos se generalice una concepción científica y filosófica del mundo.

Así, se difunde y fortalece todo aquello que mantiene asfixiado al pensamiento humano y da nueva vida a las ficciones, ilusiones y fantasmas que la alterada e ingenua imaginación y fantasía del hombre del pasado creó acerca de los fenómenos de la naturaleza y de la sociedad, que no podía explicarse ni comprender, y de esa manera la clase dominante presiona sobre la conciencia de los hombres de hoy, impidiendo que adquieran una concepción racional acerca del mundo y de la vida.

Finalmente recordaremos que, estudiando, conociendo, comprendiendo y utilizando la filosofía científica, se reduce, baja nuestro coeficiente de ignorancia.

Charles Darwin

Jean Baptiste
de Lamarck
(1744-1789)

Charles Robert Darwin
(1809-1882)

Gregor Mendel
(1822-1844)

1

El evolucionismo

Antes del naturalista Charles Darwin[21] la conjetura catastrófica en la geofísica planetaria era la preponderante y la única utilizada para descifrar fenómenos formativos de mayor intensidad que los existentes en el mundo circundante, aunque tales causales sólo actuasen en oportunidades excepcionales.

Para 1742 el científico francés Pierre de Maupertuis propuso que los cometas habían chocado con la Tierra ocasionalmente, precipitando cataclismos que alteraron la atmósfera y sus océanos.

En 1797 tenemos que Pierre Simón Laplace describe cómo el encontronazo de un meteorito de proporciones anormales podía desencadenar hecatombes capaces de arrasar la sociedad humana y la totalidad de las especies del planeta. Por su parte, Francis Beaumont manifestaba que eran indispensables la acción de energías descomunales para configurar las enormes cadenas montañosas del planeta, y que nuestra genealogía geofísica estaba jalonada por ocasionales episodios formativos de extrema violencia, en medio de prolongadas temporadas pacíficas de estabilidad.

Jean-Baptiste Lamarck desarrolló la teoría de la herencia de características introducidas artificial o casualmente en los progenitores. Aunque existen ejemplos documentados del fenómeno de la herencia de caracteres innatos, la biología genética y molecular ha considerado que la misma nunca ocurre, ya que las adaptaciones de una parte del cuerpo no pueden desencadenar cambios en las células de los huevos y espermas que transmiten el código genético[22].

En su obra *Los Principios de la Geología*, Charles Lyell (1797-1875), influido por el pensamiento newtoniano, sentó las bases de la uniformidad. En sus estudios de geología abordaba el origen de los organismos. Lyell remodelaba la teoría de Lamarck sobre la aparición de nuevas formas orgánicas a partir de los cambios en la conducta y el origen humano a partir del orangután.

Aunque en el fondo Lyell era un anti-evolucionista y concebía al humano como la culminación de la creación, rechazaba la consideración teológica del origen providencial y refutaba las tesis "lamarckianas" de la generación espontánea, argumentando en favor de la estabilidad de las especies.

En su *El Origen de las Especies*[23] Darwin planteó la evolución de los seres vivientes mediante la selección natural y la sobrevivencia del más apto; aunque en ningún momento postuló que el humano descendiera del mono, mito repetido hasta el día de hoy. Lo que el naturalista expuso fue sólo la existencia de una descendencia común.

El evolucionismo se asentó en las novísimas disciplinas mecanicistas de las humanidades, y en las ideologías políticas. La sociología simplificó nuestra complejidad y nos redujo a partir de muestreos y valores estadísticos. La psicología se dedicó a comparar los moldes individuales mensurables, obviando la fuerza de la motivación y de las emociones en nuestra sociedad.

La idea del evolucionismo no es nueva, viene argumentándose desde la Antigüedad, con el filósofo y matemático griego Anaximandro de Mileto[24] y con Aristóteles. En la Grecia clásica se estrena tal hipótesis que erróneamente asume a nuestro entorno natural como algo invariable, como una entidad celeste rígida, segura e imperecedera, donde la superficie terrestre y los océanos son cuerpos sólidos y líquidos eternos.

El geólogo escocés James Hutton[25] fue el propulsor del "*dictum*" de que lo observable en el presente, resulta la clave del pasado, suplantando de esta forma el catastrofismo por los cambios graduales.

Hutton apuntó que la formación de los continentes, la renovación de sus contornos, la elevación de las masas terrestres, de las cadenas montañosas, la creación de cañones y quebradas, la erosión, tienen lugar por un proceso evolutivo muy largo y casi imperceptible.

Esa pasión por el orden controlado se extiende lentamente a la Tierra cuando Hutton avizora una maquinaria similar en la casi imperceptible e interminable erosión, renovación y elevación de los continentes. Así, el tiempo se extiende por eones y son las leyes, no el caos lo que reina.

Se piensa también que en el mundo animal existe una estructuración semejante; las plantas y los animales se hallan congelados en su fisonomía y si bien pueden competir sin embargo no varían, pues el cambio niega básicamente la existencia de una ley universal.

En el mundo de Hutton la renovación tiene lugar en ciclos auto-regulados y no contiene novedades. No hay razón alguna para el temor en este balance inalterable, donde la vida está cautiva en lo que el naturalista John Hunter califica como "gobierno natural".

Como el precursor aún no reconocido del evolucionismo el inglés John Hutton promueve la tesis del equilibrio dinámico entre los animales que impide la expansión mediante la lucha por la existencia; a su parecer, la vida escoge a los más vigorosos y consistentes y desecha las mutaciones: para Hutton, lo que existe es lo que existirá. Esa es la doctrina científica conocida como "uniformismo" que arremete contra la magia de los doctores y nigromantes medievales.

La expansión del pensamiento uniformista que ha dominado las ciencias naturales hasta hace poco, se debió a la intromisión de la revolución francesa y a la era napoleónica. Esa valoración de un orden controlado en sus más mínimos detalles, se aplicó luego, lentamente a todo lo concerniente al planeta. Pero, bajo la euforia darwinista, los científicos desecharon las pruebas del catastrofismo, mecanismo que en innumerables períodos había devastado nuestra flora y fauna.

Los cambios súbitos

Los biólogos franceses Georges Cuvier[26] y Jean-Baptiste Lamarck[27], inspirados por los trabajos del geólogo británico William Smith[28], apreciaron las implicaciones que para la interpretación de la historia del planeta tenía su fauna fósil, como los mamuts congelados hallados en la tundra siberiana, los fósiles de dinosaurios en la región norteamericana de Wyoming.

En su *Disertación sobre las revoluciones del globo* Cuvier[29] establecería que las especies en cada época geológica se destruían por catástrofes, luego de la cual comparecía una nueva creación. Así, la historia del planeta resultaba una serie de constantes cataclismos generales, seguidos de actos de creación.

Pero Cuvier no estaba del todo convencido del evolucionismo y planteaba la extinción de la fauna producto de accidentes catastróficos y cambios radicales de biota. Cuvier estimaba que el planeta había atravesado por una serie de conmociones colosales, siendo la más reciente la relacionada con el Diluvio. Según Cuvier, después de cada cataclismo, el planeta volvía a poblarse con los remanentes vivos que de alguna forma no habían perecido en tales crisis.

Jean Baptiste Lamarck se inscribió como el primer evolucionista, avanzando la hipótesis de una historia planetaria sosegada y uniforme. Al impugnar las debacles de Cuvier comentó que en realidad sólo había tenido lugar una pseudo-extinción al considerar que ninguna de las viejas especies había desaparecido, sino que se habían transformado en nuevos géneros, por intermedio de mutaciones lentas y graduales, a lo largo del lapso transcurrido desde la creación.

Según Jean-Baptiste Lamarck[11]: "Todos los cuerpos vivientes conocidos se distribuyen claramente en dos reinos particulares, fundados sobre diferencias esenciales que distinguen los animales de los vegetales, pues a pesar de lo que se dice yo estoy convencido de que no hay verdadera transición por ningún punto entre ambos reinos, y por consecuencia, que no existen en manera alguna animales-plantas.

A lo que agrega Erwin Schrödinger[12]: "Lamarck piensa que el órgano se usa, por ello mejora, y la mejora se transmite a la herencia. Debemos pensar que el órgano sufre variaciones al azar, las que se usan provechosamente se acumulan, o al menos se acentúan por la selección, y ello continúa de generación en generación [...] Lo más importante es ver si un nuevo carácter (o modificación de un carácter) adquirido por variación, por mutación o por mutación combinada con cierta selección, puede estimular fácilmente una actividad del organismo en relación a su entorno que tienda a aumentar la utilidad de este carácter y, por lo tanto, que intensifique el efecto de la selección".

Esa fue la era de la "pax británica" y el mundo devino en un vasto sistema económico centrado en el capitalismo de la Europa del norte y Norteamérica, con Inglaterra como su centro. Ya los gobernantes como el premier británico William Pitt y el presidente norteamericano Thomas Jefferson, y monarcas como el zar ruso, Pedro I, el Grande percibían que esta moderna

17

actividad de investigación científica podía generar el progreso de las sociedades.

El desmontaje de la infalibilidad de las leyes universales se inaugura con las anomalías observadas por el astrónomo francés Urbain Jean Joseph Le Verrier en las revoluciones orbitales del planeta Mercurio.

En 1844, Robert Chambers publica la polémica obra *Vestiges of the Natural History of Creation*, texto que sostenía una visión evolucionista a partir de los registros fósiles, transfiriendo la visión cosmológica de Laplace al mundo de la biología. Chambers fue entonces atacado por toda la academia científica del Viejo Continente, incluyendo a Thomas H. Huxley.

Hacia 1869 Huxley escribía[30]: "A mi entender, no hay ninguna clase de antagonismo teórico necesario entre el catastrofismo y el uniformismo. Al contrario, es perfectamente concebible que las catástrofes puedan formar parte de la unifomidad. Ilustremos un caso por analogía. El movimiento de un reloj es un modelo de acción uniforme, un buen reloj significa acción uniforme. Pero el avance del reloj es en esencia una catástrofe (...) Sin embargo, todas estas catástrofes irregulares y aparentemente desordenadas serían el resultado de una acción absolutamente uniforme".

A principios del siglo XIX el botánico holandés Hugo Marie de Vries[31] demuestra la comparecencia repentina y espontánea de muchas especies, y enfatiza en la eventualidad de que concurriesen mutaciones espontáneas por sucesos accidentales, especialmente a nivel molecular.

Desechando la reflexión darwinista de una progresión lenta a lo largo de generaciones Hugo Marie De Vries demostró la aparición de especies en forma repentina, abruptamente, a saltos, y la posibilidad de las mutaciones espontáneas por hechos accidentales, especialmente a nivel molecular, en el curso de agitaciones termales, energías de alta radiación y ultravioletas[32].

18

Charles Darwin

Varias décadas después de que el intrépido explorador y navegante británico, el capitán James Cook[1], desanduviera por los mares del sur, un joven e inexperto viajero ancla en las islas Galápagos e inicia la búsqueda más fantástica de nuestros orígenes en el océano infinito del tiempo[2].

Darwin se lanzó a la hazaña teórica de engranar una tesis que a partir del sistema newtoniano explicara el origen de las especies. En *El Origen de las especies*, publicada en 1859, planteó la selección natural mediante la adaptación al medio, complementada con la selección sexual. Así, al asociarse la evolución y la selección natural se desechó la generación espontánea.

Darwin daba por sentado que[3]: "El embrión humano, en un período precoz, puede a duras penas distinguirse de los otros miembros del reino de los vertebrados. El corazón, por ejemplo, no es al principio sino un simple vaso pulsátil; efectúense las deyecciones por un pasaje cloacal; el hueso coxis sobresale como una verdadera cola, el hombre y todos los demás vertebrados han sido construidos según un mismo modelo general. Deberíamos, por lo tanto, admitir francamente su comunidad de descendencia; nuestros antecesores primitivos semi-humanos no practicarían el infanticidio, ya que los instintos de los animales inferiores nunca se muestran en tal estado de perversión que los impulsen a destruir su prole. Tampoco debían poner al matrimonio las trabas de prudencia, y los individuos de ambos sexos se aparejaban desde muy jóvenes. Los antecesores del hombre debieron tender, por consiguiente, a multiplicarse rápidamente".

También postuló que la destrucción del hábitat de las especies tenía lugar cuando ocurría la evolución de la interacción biótica, por la selección natural e incluso la incapacidad para competir favorablemente en la contienda por la vida.

Así también, no se puede soslayar la influencia del filósofo inglés John Stuart Mill en el pensamiento evolucionista, con sus tesis de la causalidad, y de Herbert Spencer, con igual criterio. Al igual que Darwin y de forma simultánea, tanto Spencer como el botánico y naturalista británico Alfred R. Wallace (1823-1913) ya habían debatido el evolucionismo de la vida a través de la selección natural de las especies, basados en todas sus investigaciones realizadas en el Asia[4].

Por eso Darwin en realidad no concibió nada que anteriormente se hubiera abordado. Lo que en realidad hizo fue sintetizar todo lo planteado acerca de la evolución humana y de las especies[5]: "Las fusiones biológicas que se inician en forma de simbiosis, constituyen el motor de la evolución de las especies.... demostraremos aquí que la fuente principal de variación hereditaria no es la mutación aleatoria, sino la adquisición de genomas".

Como teórico se hallaba seducido por la noción del desarrollo gradual propuesta por James Hutton. Su entusiasmo total con el evolucionismo proviene cuando conoce la obra de Lyell, en especial el paradigma referente a la marcha lenta y sistemática de los cambios geológicos, y la interpretación que este había hecho de los acontecimientos que separaron las edades geológicas del Cretáceo con el Terciario.

Tanto el británico Alfred Wallace como Charles Darwin estaban familiarizados con otra obra cuasi evolucionista, la del cura y economista inglés Thomas R. Malthus[6] el cual en su *Ensayo sobre la población* expuso el dilema demográfico de las poblaciones humanas que crecían por encima de sus medios de subsistencia, en términos que evocaban al evolucionismo.

En realidad, Darwin no gestó los principios del evolucionismo sino el mecanismo de selección natural, sino que en esencia su teoría resultaba una adaptación a la biología de las consideraciones de Malthus, donde los organismos vivientes tienen necesariamente que competir por el alimento, por la procreación y por el espacio de vida.

Existe el caso de las regresiones morfológicas en las especies más evolucionadas, como la pérdida de las patas, de las alas, las antenas, los ojos, a menudo de piezas bucales. Tenemos el caso de todos los machos decócidos los cuales están desprovistos de estiletes y rostro; el orificio bucal no es funcional[7].

A partir de la descomunal variedad de especies observables en el planeta, Charles Darwin explicó sus diseños por medio de una variante simple y elegante, un procedimiento gradual y continuo de mutación y evolución, consecuencia de la disputa por el triunfo reproductivo individual.

La vida fue concebida, por tanto, como una justa egoísta por el beneficio particular de las especies. La aparición de la teoría evolucionista culminó la concepción determinista, al incorporar el sistema newtoniano al mundo de los organismos vivos. Ello originó un intenso debate sobre el origen de las especies, a partir de leyes naturales.

El ejemplo renombrado de "los pinzones de Darwin ante los cuervos" ilustra cómo las reacciones innatas pueden reaparecer incluso después de un millón de años, si comparecen las circunstancias estimulantes; aunque bien, ello no puede arrinconarnos en el conductismo.

La selección natural será una frase amplia e implicando muchos tipos de cambios, incluso represión de cambios.

Se rechaza definitivamente la idea de necesidad en el mundo vivo, la idea de que exista una armonía que establezca un sistema de relaciones entre los seres. Todo sugiere la contingencia de los seres vivos y de su formación: los documentos paleontológicos, la distribución geográfica de las especies, el desarrollo de los embriones, el fenómeno de la divergencia de caracteres a partir de un antepasado común, la expansión de ciertos grupos y la desaparición de otros.

Ningún plan preconcebido fue ejecutado de una sola vez en una creación y ni siquiera a través de transformaciones sucesivas, ni ambos pueden explicar las formas que poblaron o pueblan hoy la Tierra ni su distribución. Jamás se observa, dice Charles Darwin, "la aparición repentina de nuevos órganos que parezcan haber sido especialmente creados con alguna finalidad".

La comparecencia de una forma nueva de especie no presenta un carácter ineluctable, pues resulta la conjugación de numerosas fuerzas en una cierta época y en cierto lugar. Si las condiciones hubieran sido otras, el mundo vivo sería hoy diferente de lo que es, o quizás ni siquiera existiría.

Las ideas de Wallace y Charles Darwin destronaron algunas de las creencias más vetustas y aceptadas por la civilización, sobre todo la del creacionismo propulsado por las ideologías religiosas que, en lo adelante, nunca más fueron iguales.

El gradualismo

La teoría de la evolución libera al mundo vivo de toda trascendencia, de todo factor que escape al conocimiento. Al exorcizar el demonio de la necesidad social ya no hay nada que, por su propia esencia, se oponga al análisis y a la experimentación

Darwin conformó su teoría en las variaciones de los animales domésticos, en las similitudes anatómicas y en los anales geológicos; pero si bien el cruzamiento mejoraría las razas y sus variaciones sin embargo no crearía nuevas especies, al no existir los eslabones intermediarios intra-especies. La selección natural es incapaz de procrear especies[8], aunque puede destruir la no adaptable.

El gradualismo no reflexionó que en su mayoría las especies tienden a permanecer estables por largo tiempo, y sus mutaciones drásticas tienen lugar de forma relativamente rápida.

El mundo descrito por Darwin parece aún más comprensible, más natural que la naturaleza; el gobierno natural, el uniformismo es categorizado como ilusión.

Desde ese momento, el homo se moverá en un mundo de formas inconsistentes; aún en el supuestamente estable Universo de la materia del siglo XIX, nuevos problemas comenzarán a contradecir las verdades tenidas como definitivas. Con Darwin, el humano y los animales se consideran formas imperfectas en transición.

Pero, la experiencia práctica de Darwin se circunscribió al Hemisferio Sur y este no se explicaba como los caballos habían desaparecido del continente americano, admitiendo también su incapacidad para explicar la extinción de un animal tan bien adaptado como el mamut. Al enfrentarse a los fósiles de enormes cuadrúpedos en la América del Sur apuntó lo difícil de rechazar la destrucción catastrófica de numerosas especies de animales, tanto en latitudes tropicales como en árticas, en ambos lados del planeta[9].

Mucho antes de la aparición del *Origen de las Especies*, el genio de Johann Wolfang von Goethe olfatea la tesis-antítesis que simboliza la lucha eterna de las especies por su disolución en otras especies; el poder del cambio es a la vez creativo y destructivo, un don siniestro que al desencadenarse puede destruir nuestras formas y clausurar nuestras posibilidades.

Una vez que surgen las formas vivientes, se aferran tenazmente a su diseño original; y tratan de contener la creatividad del cambio, de mantener su individualidad; pero al final la corriente vital lleva a la disolución de las especies en otras conformaciones orgánicas.

Para 1875, la corriente del darwinismo había sido santificada por la comunidad científica y sería entonces el ancla del positivismo que recorría la ilustración europea. Aparte de Darwin, el científico Henry F. Osborn enfatizaría que la actual continuidad en la materia inanimada o animada, implicaba la improbabilidad de un pasado catastrófico y violento[10].

El estado estacionario

Para que nuestro planeta fuese habitable resultó necesaria una cantidad crítica de elementos radioactivos, como el uranio, para producir el calor del campo magnético, pues sin este, la atmósfera se disolvería y la vida no podría surgir y desarrollarse. La existencia de dos tipos de cortezas, una gruesa al inferior y otra más fina y superior, permite que esta última pueda mantenerse por encima del nivel oceánico y estructurar los continentes.

Pero todo no terminaría ahí. Era necesaria una estrella con la temperatura específica del Sol, cuya emisión no ocasione problemas para los planetas orbitales. En el caso de nuestro planeta era imprescindible una temperatura que permitiese la transfiguración de los gases calientes a una mezcla fría.

La discusión entre el gradualismo y el catastrofismo es artificial. Nuestro planeta no se desarrolla en una dirección definida, sino cambiando incoherente y fortuitamente. La teoría gradualista planteada por el fundador de la geología, James Hutton, en 1778, carece de aplicación para la historia temprana de la Tierra.

Los continentes y los océanos mudaron de lugar en múltiples ocasiones y de forma catastrófica. Las rocas, las cordilleras montañosas, los propios continentes, permanecen en constante estado de movimiento y cambio, cuya naturaleza exacta sólo ha empezado a ser comprendida en la segunda mitad del siglo XX.

Para explicar las irregularidades de la superficie terrestre, como cañones y grandes montañas, se desarrolló la hipótesis del catastrofismo, que intentaba hacer coincidir los hechos observables con las historias bíblicas de los cataclismos. Conectaba cada catástrofe con la aniquilación de especies completas, intentando una explicación para la existencia de los fósiles que encontraban enterrados.

No fue hasta 1830 que el geólogo británico Sir Charles Lyell demostró que la Tierra es más veterana que el libro del *Génesis*. Más tarde, mediciones basadas en la decadencia radioactiva lo confirmaron, estableciendo la edad de la Tierra y de la Luna en aproximadamente 4,600 millones de años. Lyell planteó un punto de vista diametralmente opuesto al catastrofismo.

Según sus teorías, las fronteras entre los diferentes niveles geológicos representaban la transición entre dos entornos sedimentarios diferentes, y consideró los periodos geológicos como un método de clasificación parecido a la división de la historia. En esencia, Lyell propuso que el planeta Tierra sufría una lenta y gradual transformación y que las mismas actuaban sobre éste, de manera imperceptible pero constante.

Para George Cuvier, famoso naturalista y geólogo francés del siglo XIX, el desarrollo de la Tierra estaba signado por "una sucesión de periodos breves de cambio intenso y que cada periodo marca un punto de inflexión en la historia. En medio, hay largos periodos de estabilidad en los que no pasa nada". En la primera década del siglo XX, el geo-físico y meteorólogo alemán Alfred Lothar Wegener abordó el argumento de la historia terrestre, con su teoría de que las placas continentales se desplazan sobre la corteza del planeta.

De acuerdo con su hipótesis de la transposición de los continentes, hace 200 millones de años las superficies terrestres se hallaban consolidadas formando una sola y enorme masa de tierra que Cuvier bautizó con la palabra griega Pangea.

Al paso del tiempo este super-continente se fraccionó, y cada placa fue deslizándose hasta moldear los hemisferios actuales. Wegener no pudo explicar de manera satisfactoria su hipótesis, y no sería hasta su muerte que el resultado de sus investigaciones fue sancionado como la nueva ciencia de las placas tectónicas, por medio de la cual se dilucidan los cambios en la estructura geológica y marina del planeta.

La teoría dominante del estado estacionario de la "isostasia", movimientos verticales de los continentes, era otra de las existentes. La búsqueda de petróleo llevó a la geología del fondo oceánico. A mediados de los 60 (siglo XX), el geólogo Peter R. Vail, explicó las irregularidades de los modelos lineales del fondo oceánico, los cuales revelaron modelos de cambio sedimentario por el cual el fondo marino en el Océano Atlántico, se estaba separando irremediablemente.

De lo homogéneo a lo heterogéneo

El puntillazo fue propinado por una filosofía evolucionista, y de esto se encargó el sociólogo Herbert Spencer el cual axiomatizó el paso de lo homogéneo a lo heterogéneo, donde la materia en su estadio inferior se acumula y se convierte como energía de conservación en los organismos superiores.

Spencer considera que su transformismo materialista es aplicable a todas las disciplinas tanto científicas como humanistas: astronomía, geología, biología, sociedad, economía, urbanismo, división del trabajo. Así, las ideas erróneas de Pierre-Simón Laplace concernientes a la eterna estabilidad del Sistema Solar, heredadas del ordenado universo newtoniano, y las de Lamarck, de una evolución armónica y lineal de la vida, se transformaron en el sostén de las ciencias del siglo XIX y del XX.

Herbert Spencer y Lamarck, entre otros, estipularon que la evolución era un método, pero nunca consiguieron ubicar cuáles eran los ingredientes que hacían caminar ese proceso; aunque fue Spencer quien utilizó esta idea para dar fundamento a la sociología.

Sin embargo, para fines del siglo XIX las tesis darwinistas eran retadas ante la reaparición del neo-"lamarckismo" y por la ortogénesis. El evolucionismo no podía responder a la discontinuidad del registro fósil solamente, a los cálculos del físico-matemático William Thomson, barón de Kelvin sobre la edad de la Tierra, a la existencia de estructuras no adaptativas, a las dificultades para explicar la variación entre individuos de la misma especie.

La uniformidad sustantiva

Por eso, a fines del siglo XIX, el holandés De Vries pone la nota discordante a la casi unánime aceptación científica del darwinismo cuando anuncia una teoría de las mutaciones, donde la evolución tiene lugar a partir de la aparición de cambios repentinos; y donde las nuevas especies aparecen bruscamente, sin la lenta e imperceptible acumulación de variaciones.

Junto al evolucionismo darwinista se consolidaron las hipótesis controversiales del astrónomo francés Pierre-Simón Laplace sobre la eterna estabilidad del Sistema Solar, ideas heredadas del ordenado Universo newtoniano, y las de Lamarck sobre una evolución armónica y lineal de la vida.

Este fue el formato con que el gradualismo de las especies y del Universo se afirmó como la quintaesencia del liberalismo en la época victoriana como hipótesis para explicar el origen de la vida.

Pero Darwin sustenta un puñado de estereotipos sobre la naturaleza y el humano que prueba también ser tan rígido y dogmático como los del período pre-evolucionista, y que aún se consideran como evidencias del carácter bestial de la naturaleza humana[13]. Ya se había horrorizado ante los ejemplos irrefutables de las extinciones masivas y la comparecencia abrupta de especies que se suceden en las remotas épocas glaciales, evidencias que buscó obviar en sus trabajos.

Cita el filósofo alemán Arthur Schopenhauer con asombro[14]: "La debilidad e imperfección de la inteligencia de que son testimonio la falta de juicio, la estrechez de espíritu, la necedad y la locura de la mayor parte de los hombres, serían completamente inexplicables si la inteligencia, en vez de ser mero instrumento secundario y accesorio de la voluntad, fuese lo que supusieron los filósofos, es decir, la esencia íntima y primitiva de lo que llamamos alma, del hombre interior. Pues, ¿cómo la naturaleza primitiva, en su función inmediata y propia, podría cometer tantas faltas y errores?".

Por más de un siglo, la preconcepción no cataclísmica del evolucionismo gradual, la uniformidad substantiva en la historia de la Tierra, canonizado como filosofía general por la ignorancia y autosuficiencia de las ciencias del período victoriano, fue la base en la que se desarrollaron los estudios paleontológicos y biológicos, apuntalados por el uniformismo de Jemes Hutton y abrazado por Lyell y Darwin. Así, la teoría uniformista se introdujo en todos los rincones de la enseñanza superior y su cuestionamiento significaba la herejía.

Estas reminiscencias de los paradigmas evolucionistas aún se mantienen entre el grueso de los paleontólogos y los biólogos que, si bien aceptan cambios precipitados en los patrones orgánicos en ciertos momentos, como los fines de la era pérmica y la cretácea, desdeñan la influencia exógena en la Tierra, pues en ella se hallan envueltos los impactos extraterrestres, o el vulcanismo.

La premisa de Lyell, Darwin y sus seguidores, sobre la especiación o extinción por selección natural fue una consideración basada en la creencia o la fe más que una conclusión dictada por las evidencias históricas.

Sin disponer de formas para medir el tiempo geológico, los científicos decimonónicos eran lo suficientemente arrogantes para considerar que lo no observable no podía suceder, olvidando la brevedad de la vida humana comparada con el curso de la historia terrestre, donde la escala entre las inmensas extinciones biológicas excede los millones de años.

La selección natural es una frase amplia e implica muchos tipos de cambios, incluso represión de cambios. El científico Stephen Jay Gould indica cómo la fauna de Burgess Shale nos muestra que la mayor gama de posibilidades anatómicas surge en el primer ímpetu de la diversificación. Es así como la historia posterior puede tomarse como un relato de restricción[15].

Por eso, apunta Michael McKinney[16] que en la escalera estadística de la evolución el desarrollo embrionario es generador de complejidad: "la evidencia paleontológica indica que los patrones de desarrollo de todas las formas de vida se han ido haciendo más restrictivos, se ha reunido una considerable evidencia ontogenética y paleontológica a favor de que, el diseño corporal de los diversos grupos de organismos se ha ido congelando gradualmente tras un período inicial de relativa plasticidad".

La socio-biología

Debajo de la estabilidad momentánea de las especies los evolucionistas divisan órganos rudimentarios de un pasado remoto, como el reptil debajo de las plumas de las aves. Sin embargo, no puede obviarse el impulso que imprimió a los estudios geológicos el triunfo del pensamiento uniformista y el darwinismo en el siglo pasado. Asimismo, el uniformismo de Lyell y el evolucionismo de Darwin concedieron herramientas importantes para las investigaciones.

Como sugiere entonces Ernst Mayr, uno de los padres de la vieja teoría de la síntesis[17]: "la tendencia hacia cualquier carácter resulta incoherente ya que cambia de dirección repetidamente, y, a veces, incluso se invierte... una nueva mejora fisiológica convertirá al individuo en competidores más fuertes y, contribuirá a la diversificación y especialización; dicha especialización conduce a menudo a un callejón sin salida".

Si tenemos presente que la inteligencia se encuentra desarrollada en el mundo animal, aunque en menor grado, que la metafísica y el monoteísmo son invenciones exclusivas del "bípedo no-animal", y la no se puede demostrar la introspección espiritual en el animal, dudamos entonces por ello que esta afirmación resulte convincente, y mucho menos aún apodíctica[18].

Hoglund M. Sandín expresa lo siguiente[19]: "Existen sintagmas (complejo gen-proteína) que controlan el desarrollo embrionario de, por ejemplo, ojos, patas, alas..., independientemente del tipo de ojo, pata o ala, es decir del Phylum al que correspondan: los apéndices de vertebrados y artrópodos no son estrictamente órganos homólogos pero vemos que en su morfogénesis hacen uso de genes y sintagmas conservados" (...) "Los genes Hox, implicados en el control del desarrollo embrionario

30

de tejidos y órganos, son, como todos sabemos, secuencias repetidas en tándem, y sabemos también que los responsables de las repeticiones en el ADN son los retro-transpones".

Por eso, la conexión causal no es la que pensó Lamarck, sino justamente la contraria. No es el comportamiento quien cambie el físico de los progenitores, ni la herencia física afecta a la descendencia. Por ejemplo, al englobar la química los paradigmas de la ciencia física, se transfigura de inmediato en una especialidad de medidas precisas. Lo mismo acontecerá con todas las disciplinas académicas; y en todos ellos subyace el darwinismo.

El invariable entorno natural

La química y la geología se sumaron al cuerpo de las ciencias. Si bien estas fueron un elemento incidental en el origen de la Revolución Industrial, ya en el siglo XIX alcanzan la categoría de eje propulsor de los adelantos tecnológicos, mucho más que la filosofía o la acumulación empírica de experiencia. Para el siglo XX, la tecnología pasa a ser un apéndice de las ciencias.

Este cambio dramático envuelve la transferencia de las ciencias, de matemáticos improvisados y de filósofos naturalistas, a la esfera de científicos profesionales. Junto a esta institucionalización y super-especialización se establece la definición ineluctable de fronteras entre las disciplinas científicas; en una fragmentación que se acelera a lo largo del siglo XX, y que encuentra caldo de cultivo en las metodologías y las técnicas que caracterizan a cada cuerpo de ciencias.

La paleontología centró sus estudios a partir de las disposiciones anatómicas visibles. La arqueología definió los escalones del desarrollo humano a partir de la producción instrumental y el uso de tales herramientas de trabajo, y finalmente del maquinismo fabril.

La etnografía utilizó arrogantemente los criterios de referencia occidentales y contemporáneos para juzgar culturas precedentes. Peor aún fue el caso de la historiografía, que tomaría como sostén metodológico a la arqueología, a la sociología y a la etnografía para edificar sus anales.

Pero, este método de especialización mecanicista y dogmático no quedó circunscrito a los estudios académicos sociales; el mismo entró a formar el núcleo óptico de las ciencias. La geología se concretó solamente en analizar las evidencias del suelo y, a partir de tal reduccionismo, levantó toda una teoría de la evolución del planeta. La genética, por otro lado, se dedicó a examinar los procesos calculables y los patrones hereditarios[1] y nos encerró en cultivos de laboratorio.

Los evolucionistas, por tanto, consideran que el eje cardinal de los cambios que por han tenido lugar en el planeta descansa en el desplazamiento de las placas tectónicas de la corteza terrestre, y la erosión o las mutaciones biológicas infinitesimales.

Así, se asumió erróneamente que nuestro entorno natural era invariable, que vivíamos en un cuerpo celeste rígido, seguro e imperecedero; donde la superficie terrestre y los océanos eran cuerpos líquidos y sólidos eternos.

Y, como dijera sabiamente el filósofo alemán Arthur Schopenhauer, luego, vendrá la deformación del cuerpo y de la belleza de la mujer —tal cual la hormiga voladora para cuidar su cría—, y el humano seguirá picando otras flores; y ambos finalmente si son lo suficiente inteligentes descubrirán el velo del engaño natural. Esto no debe significar la castración social fisiológica (como vemos hoy en los bárbaros del norte de África o en los pueblos de la China), sino solamente en la toma de conciencia de sus individuos[20].

32

La evolución biológica

Existen genes trasmitidos por la naturaleza a organismos no relacionados entre sí de forma horizontal, por los virus, bacterias y otros agentes, y que luego se trasmiten por vía progenitora a las subsecuentes generaciones, los verticales; y, para desmayo de los bio-genéticos, la heredad de células sin paredes en las bacterias y el condicionamiento del crecimiento anormal en el protozoo *Oxytricha* es resultado de cambios estabilizados en la actividad genética.

Se destacan dos elementos de la teoría evolucionista de Darwin, la asunción espontánea de las fluctuaciones en las especies biológicas[21], y la selección natural que conduce irreversiblemente a la evolución.

El número de especies vivas (superior a un millón), nos ha hecho creer que la evolución biológica estuvo programada desde los primeros segundos de existencia del Universo, aunque Darwin habría propuesto que la selección del mutante es dada por el azar.

La vida no es meramente el resultado pasivo de la evolución cosmológica, ya que introduce un proceso de retroalimentación suplementario. En otras palabras, es producto el resultado de procesos irreversibles, pero a su vez puede inducir nuevas dinámicas irreversibles. Suele decirse que la vida produce vida, pero la vemos como transmisora de irreversibilidad.

Respecto al evolucionismo darwinista, Erwin Schrödinger lo matizaba de la manera siguiente[22]: "Tenemos razones para creer que las mutaciones se deben sobre todo a eso que los físicos llaman fluctuaciones termodinámicas o, en otras palabras, al puro azar".

Por eso Erwin Schrödinger consideraba que el "lamarckismo" era insostenible pues el fundamento sobre el que descansaba, la herencia de las propiedades adquiridas, resultaba falso. Así proponía comprender y formular de manera no animista la forma en que una mutación al azar aumentaba las oportunidades para usar provechosamente, y para concentrar en sí misma la influencia selectiva del medio.

Uno tiende a pensar que la naturaleza actúa de otro modo. Ella no puede producir un organismo nuevo y sus órganos, si éstos no son utilizados, probados y examinados continuamente, con respecto a su eficacia. Pero, en realidad, este paralelismo es falso, no se trata de una mejora debida al uso sino a la experiencia adquirida y a las alteraciones surgidas.

La complejidad biológica

Con respecto a la complejidad del cuerpo humano, el incremento incesante de la complejidad tiene su ejemplo más evidente en los circuitos eléctricos y los sistemas biológicos. Los cánones de ordenación de las entidades vivas, desde los átomos y células a las estructuras orgánicas, es un camino hacia la complejidad.

El cuerpo humano es una suma compleja de varios sistemas equilibrados e integrados, donde figuran el nervioso superior, el neuro-vegetativo con sus pequeños cerebros del simpático y el para-simpático, el sistema glandular con la pituitaria como su centro rector, el óseo, el cardiovascular. Por otra parte, la combinación de congregaciones de organismos, vegetales o animales forman otra escala de complejidad.

Como antes planteamos, la idea simplista y popular de la ciencia considera que, de alguna forma, el material genético celular actúa como un programa para ensamblar un cuerpo a partir de un número de piezas sueltas. Existe en toda la realidad natural un resultado y un comportamiento cualitativo que es diferente a la simple suma aritmética de los elementos atómicos de un cuerpo material.

Además, desconocemos si ya en la materia inanimada converge una naturaleza proto-psíquica, como se ha especulado en el experimento de la "doble ventana de Young", y en la conexión supra-luminal de las partículas del "Teorema de Bell".

También ignoramos cuál es el impulso vital que hace transmutar a un material no-biológico, digamos a un saco lleno de proteínas atómicas y moleculares, en la increíble sincronización química de la vida animada, que se verá fabricada y ensamblada por fuerzas electromagnéticas. La morfogénesis y la regeneración no pueden ser explicadas por esta forma mecanicista; como si fuesen sistemas físicos, pues las máquinas no son más que la suma de sus partes y su interacción.

La vida es el ejemplo más acabado de estructuras muy complejas (que exhiben una elevada organización las cuales se sitúan en el borde del caos) que surgen a partir de estructuras más simples.

Entre sus características figuran la auto-reproducción, el almacenamiento de información, el crecimiento, la adaptabilidad, la interdependencia y la evolución. Si las redes neuronal y genética pertenecieran a la misma categoría genérica, los científicos aprenderían mucho sobre el sistema nervioso mediante el sistema genético. En la realidad natural la suma aritmética de los elementos atómicos de un cuerpo material presenta un comportamiento y una resultante cualitativa que van más allá del simple agregado.

Nosotros estamos constituidos por la interacción de 39,000 ó 50,000 millones de células. Las células interaccionan en el organismo mediante la emisión y reconocimiento de señales, con receptores que conectan la información del exterior con procesos, dando lugar a fenómenos de convergencia o divergencia; de modo que la arquitectura en red de las comunicaciones en la célula genera un modelo más informativo que la conexión mediante líneas directas.

Y, expresa Edgar Morín sobre la interacción celular[23]: "Por tanto debemos considerar a la especie humana como parte de un ecosistema, el cual es un sistema complejo en donde el aumento de la población afecta a los demás subsistemas que lo componen impidiendo el flujo de energía hacia éstos, la disminución de población humana se vería como un fenómeno auto-organizativo inminente para la maximización de energía y la reinversión de ésta en el mismo sistema en general -compuesto claro está no solo de la especie humana- sea por las guerras o las epidemias".

Y, sigue el autor "Claro que para esto se formaría una jerarquía energética que pondría de manifiesto cómo el comportamiento de un solo elemento o grupo tendría impacto a gran escala. Por tanto, somos un híbrido de redes y jerarquías y para disipar dicha energía y volver a cierta estabilidad el sistema se debe auto-organizar"

No es posible lograr agua, reuniendo y mezclando en un espacio la cantidad requerida de átomos de hidrógeno y de oxígeno; tal resultado requiere algo más, una armonía específica. Los cánones de ordenación de las entidades vivas, desde la más simple como los átomos, pasando por las ya más complicadas células, y finalmente a las estructuras orgánicas, son un camino hacia la complejidad.

Por eso, está muy lejos de la realidad la versión simplista y popular en algunos recintos de la ciencia donde se considera que el material genético celular actúa como un programa para ensamblar un cuerpo a partir de un número de piezas sueltas.

Por otra parte, las fronteras entre la vida y la no–vida, como la hemos concebido por milenios, se borran a medida que nos acercamos a los componentes subatómicos fundamentales del Universo a través de la física cuántica. En apariencia somos diferentes a las sustancias inorgánicas, pero no existe medio de probarlo o desaprobarlo a partir de lo único que tenemos a mano: el indeterminado mundo subatómico, que se muestra elusivo a nuestros experimentos.

La distinción entre orgánico e inorgánico es un concepto prejuiciado que se evidencia a medida que se profundiza en la física cuántica. De acuerdo con la definición clásica lo orgánico responde a informaciones procesadas. Eso implica que debamos admitir, incluso, que podríamos estar o no vivos, puesto que la frontera entre ambos es un absurdo; o bien aceptar la otra alternativa lógica de que los objetos inanimados pueden estar vivos.

Es imposible determinar la capacidad de reacción de la materia inerte pues los componentes químicos responden a estímulos. Ello lleva a cuestionar si nuestras reacciones no están también rígidamente programadas, como las químicas, a pesar de que son más complejas.

Los códigos genéticos de las moléculas del *ADN* sólo pueden programar proteínas y determinar la secuencia de los aminoácidos en estructuras de proteínas, pero no pueden establecer el diseño y la constitución del ser viviente. La forma en que las proteínas se modelan en células, las células en tejidos, los tejidos en órganos, los órganos en organismos, no se halla planificada en los códigos genéticos los cuales, repito, sólo pueden programar moléculas de proteínas.

Entonces ¿cuál es esa intervención formativa, más allá del *ADN*, que establece el plan exacto para que las cadenas de proteína se transformen en organismos complejos, se modelen en células, y éstas, de manera desigual, organizan tejidos y órganos, y a su vez estos a los organismos?

Todas las células están genéticamente programadas de forma idéntica, sin embargo, se comportan de manera desigual y forman tejidos y órganos de estructuras diferentes; ciertamente, alguna intervención formativa, más allá del *ADN*, es la que determina la estructura.

Aunque lo ignoramos, existe un impulso vital complejo que hace transmutar a un material no-biológico, es decir, a un "saco" lleno de proteínas atómicas y moleculares, en la fantástica sincronía química de la vida animada, fabricada y ensamblada por fuerzas electromagnéticas.

Así, el cuerpo humano culmina en un complejo agregado de varios sistemas equilibrados e integrados, donde figura el nervioso superior, el neurovegetativo, con sus pequeños cerebros simpático y parasimpático, del sistema glandular con la pituitaria como su centro rector, el óseo, el cardiovascular.

En el mismo sentido, la combinación de congregaciones de organismos, vegetales o animales producen otra escala de complejidad. Por ello, los ejemplos de morfogénesis y la regeneración no pueden ser definidos de manera mecanicista pues, como sistemas físicos, las máquinas no son más que la suma de sus partes y su interacción.

Ese reduccionismo que hoy llamamos medicina tecnológica descansa en una percepción mecanicista de la salud y las enfermedades y sostiene que estamos dominados por una ciega química celular.

La creencia de un humano que se conserva invariable a lo largo de su tiempo de vida se halla en contradicción con lo que sucede en realidad: un intercambio perpetuo del mismo con la tierra; una renovación total de su cuerpo de forma cíclica

El mensaje, sin embargo, es que interactuamos con la naturaleza y que la materia no es inerte. No son tan sólo nuestros genes los que se renuevan, sino que el 98% de los 10^{28} átomos que constituyen nuestro cuerpo se reemplazan cada cinco años aproximadamente[24].

Este reemplazo proviene de la Tierra con la cual nos hallamos en perpetuo equilibrio; los átomos de carbono se hallaban en el planeta hace cinco años y retornarán a ella dentro de cinco años; es el intercambio infinito de los elementos vivientes con la tierra.

Sabemos que ciertos elementos de nuestro cuerpo, por ejemplo, el fósforo de nuestros huesos, se formaron hace miles de millones de años en las explosiones supernovas de nuestra galaxia. Así, el concepto de una entidad física, fija en el espacio y que se conserva a lo largo del tiempo se halla en contradicción con nuestro conocimiento de las estructuras vivientes conectadas e interrelacionadas con el mundo que lo rodea.

Es decir, hace un lustro no existía la materia que hoy nos constituye. Sólo permanece el diseño, el patrón asegurado por el proyecto genético, pero, incluso los genes y los programas que prefiguran nuestra individualidad también se disuelven constantemente para renovarse.

Incluso, hay materia atómica de nuestro cuerpo que ya formó parte de otros, o que procede del espacio interestelar; por ejemplo, el fósforo de nuestros huesos se formó hace miles de millones de años en nuestra galaxia.

El conflicto en la bio-ciencia es uno de los resultados de la lucha monumental que caracteriza el salto de la mecánica clásica a la cuántica. Los fenómenos psíquicos y espirituales ejercen un papel significativo en la historia humana y nos socorren en el diseño de las fisonomías cardinales de nuestra cultura.

La ciencia médica se ha limitado a reparar el mecanismo biológico humano, así fragmenta el cuerpo para estudiarlo de manera separada, desconoce su relación con la mente, con la naturaleza orgánica exterior, con el nicho eco-ambiental donde se mueve.

En un universo hológrafo y omni-objetivo, como aparenta ser el nuestro, todas las cosas son partes integrales de un inagotable continuo, y donde la objetividad estricta agota su potencial.

Ante una nueva noción del cuerpo humano como un modelo de complejidad y en nada un dispositivo relojero, la crono-biología irá ocupando espacio, no sólo por la danza equilibrada de los sistemas sino por la dinámica de las enfermedades y las terapias holísticas.

La tendencia de distinguir a las enfermedades como algo externo a nuestro cuerpo y no parte de nuestra disposición del comportamiento reside en considerar unidades biológicas aisladas de las fuerzas que crean la salud y las enfermedades.

El cuerpo humano se puede definir como una complejidad rítmica, de diversas temperaturas, donde se concentran distintas sustancias en la sangre, de ritmos cardiacos caóticos, de arritmias respiratorias, de distintos bio-ritmos, de ciclos menstruales, circadianos y demás, que imponen una visión dinámica del organismo, con entidades cadenciosamente organizadas.

Al igual que la naturaleza, según la física cuántica, la historia de la civilización procede y evoluciona mediante saltos cualitativos que solemos llamar "revoluciones". Una revolución consiste en un cambio muy rápido en sus manifestaciones visibles, si bien posee raíces de largo alcance que actúan de manera casi imperceptible a través de largos periodos de tiempo.

El homo humano

Pero lo propio y más llamativo de una revolución es que acelera los cambios en lapsos de tiempo muy cortos y estos cambios se operan en todos los ámbitos del actuar humano. Si bien estos cambios son radicales y vertiginosos, no actúan de manera desordenada. Dentro de este aparente caos, se da un orden, no solo cronológico sino, sobre todo, causal en sus manifestaciones, cuyas consecuencias concretas configuran las diversas culturas a través de la historia de la humanidad.

Estos cambios cualitativos o mejor, "saltos dialécticos", definen el ser y quehacer del ser humano en el transcurso del tiempo. Desde el punto de vista biológico, es decir, anatómico y fisiológico, lo que distingue a la especie sapiens de las otras especies vivientes es el tamaño y complejidad de su cerebro. Ninguna otra especie conocida posee 1400 centímetros cúbicos de masa encefálica.

Por eso podemos decir que la obra maestra de la evolución darwinista, del cosmos energético es nuestro cerebro. Descubrir sus potencialidades y ponerlas al servicio de las mejores causas al del lado de los más altos valores humanos, constituye la razón de ser, la justificación de nuestra existencia, del corto paso de los individuos por la vida y de los pueblos y de las civilizaciones a través de la historia.

La manera cómo los numerosos pueblos en sus diversas culturas han logrado cultivar ese acervo de valores, conservándolos y transmitiéndolos de generación en generación mediante tradiciones e instituciones sociales es la tarea que han cumplido los sistemas educativos en las disímiles sociedades humanas que han existido a través de la historia.

Pero al humano al nacer, precisamente porque su cráneo es de un tamaño superior al de todas las otras especies, como el resto de los mamíferos no puede permanecer mucho tiempo en el seno materno. Por eso nace demasiado pronto.

Todo humano es un prematuro, por lo que el cerebro debe crecer rápidamente en los primeros años de vida.

En este tiempo es cuando aprende a hablar, actividad que le ha permitido obtener la superioridad sobre el resto de las otras especies. El lenguaje es la expresión material del pensamiento y actividad consiste en convertir los objetos de la percepción sensorial en símbolos sonoros. Tal es lo propio del pensar humano.

Gracias a la construcción de un universo simbólico el humano interpreta y modifica su entorno, le concede un sentido a su existencia sobre nuestro planeta y construye una realidad objetiva, pero no natural al ser producto de su acción.

Esa realidad objetiva es tanto material como social; es decir, consiste tanto en construir objetos materiales para responder a sus necesidades vitales, como hacer una guarida para protegerse de las inclemencias del clima, o fabricar herramientas para obtener alimentos, o defenderse, o establecer relacione sociales para hacerlas en conformidad con el grupo. Para ambas funciones responden los sistemas educativos.

Si bien el humano al nacer trae consigo una herencia genética, sin embargo, esta no es suficiente para sobrevivir; debe aprender a hacerlo dentro de las circunstancias en que se desenvuelve la vida del grupo.

Ante todo, el homo debe aprender una lengua, y por tal se le llama "lengua materna" y con ella puede comunicarse con su entorno, humano, material y cultura. En consecuencia, el humano es tanto en ser biológico, como un ser social y cultural.

De su medio recibe un conjunto de significaciones para desarrollar la vida. Estas significaciones las llamamos "valores", y el transmitirlos como base del fundamento de toda la conducta constituye entonces la esencia misma de la acción educativa.

Educar es inculcar valores, es establecerlos como normas de comportamiento o principios por los cuales regir la vida y juzgar la de los demás. La herencia genética provee potencialidades, pero es la educación, es

42

decir, lo que solemos llamar "cultura", lo que convierte esas potencialidades en acciones y actitudes concretas.

El valor fundamental sobre el cual se basan todos los otros valores es lo que podríamos llamar el valor matricial y al que se ordena. La vida posee dos facetas: preservar y transmitir, tanto física como culturalmente. Por eso decimos que vivir es, ante todo, sobrevivir y convivir. Ello responde a la necesidad de preservar la vida tanto propia como la de los seres que nos son queridos. Es, por ende, exigir el reconocimiento de su propio valor ante los otros, sean estas fuerzas externas de la naturaleza, sean fuerzas sociales o humanas. Por el contrario, convivir es reconocer el derecho de los otros a vivir.

El primer caso implica cierto nivel de violencia pues no se es un viviente sin más, hay que ganarse el derecho a la vida como valor supremo. El segundo, por el contrario, exige poner límites a esa violencia.

A esto lo solemos llamar "ética y moral", ética como conjunto de normas que deben regir nuestra conducta, y moral como su aplicación dentro de un contexto social dado. La ética es la actividad humana mediante la cual humanizamos la violencia poniéndole límites, justificándola dentro de esos límites y condenándola cuando excede esos límites.

La ética se establece en virtud de un principio fundamental es fundante de toda ética: el principio de legítima violencia. La violencia no es buena o mala en sí misma; la hace buena o mala el uso que de ella hacemos dentro de determinadas circunstancias. Es buena la violencia defensiva, es decir, la que conculca el derecho legítimo de otros.

Por eso toda la acción humana tiene como objetivo preservar y desarrollar la vida en todas sus auténticas manifestaciones. Esto lo hace el humano mediante la acción práctica.

La actividad básica del humano es el trabajo mediante el cual transforma el mundo material que lo rodea, con lo que logra crear condiciones que le permitan vivir. Toda la actividad práctica implica un proceso que consta de tres momentos. Ante todo, la que responde a la satisfacción de necesidades vitales.

Cuando esta actividad cumple con sus finalidades, el humano se vuelve conservador en la medida que repite esa actividad pues busca resultados satisfactorios. Pero cuando esta actividad no produce lo apetecido, cuando se descubre un error o se sufre un fracaso, entonces viene el segundo momento, la etapa crítica.

Entonces es cuando emerge la razón como capacidad del humano para formular preguntas radicales sobre sí mismo y sobre su entorno, es decir, ir al fondo de los problemas. Ansiosos nos interrogamos por qué hemos fracasado si hasta ahora todo había caminado bien.

Es allí cuando se constata que la sola experiencia no basta, que el criterio empírico puro no sea suficiente y la verdad sea algo más que una acumulación y clasificación, por más que esté lógicamente ordenada, según los criterios de la causalidad. La razón busca explicaciones, formula teorías, y va más allá de lo real inmediato para verlo a la luz de lo posible.

Descubre el carácter imprescindible de la dimensión especulativa del saber humano, como diría Karl Popper. Toda la ciencia no es más que el intento por responder a la pregunta radial por excelencia a formular con este interrogante: ¿Cómo es posible que se haya dado esto a lo otro y, en última instancia cómo es posible que lo real exista? O, para decirlo en el lenguaje de *La Metafísica* de Aristóteles, es preguntarse por "el ser del ente".

La hipótesis que hoy tratamos de desarrollar aquí, es que lo propio del mundo en el cual estamos viviendo se lleva a cabo la más profunda y vertiginosa revolución o cambio radical y científico-tecnológico de la historia del homo sapiens desde su comparecencia hace más de 50 mil años.

Con algunos autores[25] podemos hablar de tres grandes revoluciones que se han operado en la historia de la civilización universal. La primera operada hace más o menos unos 10 mil años, fue la que dio origen al neolítico de donde proviene la revolución agrícola.

Gracias a ella, la especie logra hacerse sedentaria, se organiza socialmente en aldeas, desarrolla después la escritura y cultiva el pensamiento puro a través de los mitos. Luego vendrá todo lo que solemos llamar historia o memoria escrita de los pueblos.

El determinismo

El cambio físico de los progenitores es el que modifica sus comportamientos directa o indirectamente, por selección; y este cambio es transmitido a la progenie mediante el ejemplo, por medio de la enseñanza o incluso más primitivamente, a través del cambio físico portado por el genoma.

Y, citando de nuevo a Erwin Schrödinger[26]: "Según nuestras hipótesis, el comportamiento se modifica paralelamente al físico, primero como una consecuencia de un cambio al azar en este último, pero dirigiendo en seguida el subsiguiente mecanismo seleccionador hacia canales definidos, ya que, como el comportamiento se ha aprovechado de los primeros y rudimentarios beneficios, sólo aquellas ulteriores mutaciones que ocurren en el mismo sentido tienen algún valor selectivo.

Por ello, ambas cosas están muy relacionadas y, en último término, o incluso en cada etapa, se fijan genéticamente como una sola: el órgano usado, como si Lamarck tuviese razón."

Por su parte, los intentos de Karl Mannheim, Max Weber y Raymond Aarón no trascenderán del determinismo economicista o ideológico sobre los planos sociales y las fuerzas mecánicas de la sociedad.

Los sociólogos de los últimos dos siglos tratan de contraponer los acontecimientos histórico-sociales a los fenómenos de la naturaleza, como ha sido el caso de Heinrich Rickert, Wilhelm Windelband, Max Weber, Gustav Mayer, Fritz H. Schultz, Karl Federn y George Meredith Tevelyan en Inglaterra, y John Dewey, Emory S. Bogardus y Edward A. Ross en los Estados Unidos. También han afirmado que, si los fenómenos de la naturaleza se reproducen de un modo regular, entonces las manifestaciones sociales tienen un carácter específico e individual, que los sustrae a toda posibilidad de repetición.

En la naturaleza no existe una identidad absoluta entre los fenómenos; no encontraremos dos hojas de un árbol o dos animales de la misma especie absolutamente idénticos entre sí. Por eso no es posible trasplantar sus leyes a la sociedad, o aplicar los conceptos de la física y la biología a los hechos de la vida social, como tratan de hacerlo Auguste Comte, Karl Marx o Herbert Spencer.

El prisma de la evolución cultural donde la sociedad tiene que atravesar un número determinado y fijo de estadíos se articula por Auguste Comte y Lewis Henry Morgan. Para Morgan los mismos son el salvajismo, la barbarie y la civilización; este concepto de progreso evolutivo es adoptado luego por el marxismo. Spencer también concibe el avance a partir sociedades pequeñas y homogéneas no especializadas, hasta llegar a sociedades más grandes, heterogéneas y especializadas.

Según el filósofo Herbert Marcuse[27]: "Los principios de la ciencia moderna estaban estructurados a priori de forma que podían servir como instrumentos conceptuales para un Universo de controles productivos que se ejercen automáticamente".

El "operacionalismo" teórico vino a corresponderse con el práctico. Así veremos que el método científico, que conducía a una dominación cada vez más eficiente de la naturaleza proporcionó después tanto los conceptos puros como los instrumentos para una dominación cada vez más efectiva del humano sobre el humano mediante el dominio de la naturaleza.

El paradigma evolucionista

La pre-concepción del evolucionismo y el uniformismo como patrones en la historia del planeta, de su cultura y civilización, fue la base por la que se desarrollaron los estudios científicos y humanísticos.

Este paradigma darwinista permeó a todos los rincones de la enseñanza, la cultura y de las teorías sociales, y se canonizó como una filosofía y un modelo creativo general de las artes; todo debido a la ignorancia y la auto-suficiencia de las ciencias y del pensamiento de los últimos siglos, en especial durante el momento victoriano inglés, donde cada cuestionamiento suponía una herejía.

De ahí surge Karl Marx con la evolución de las formaciones sociales[28]; Arnold Toynbee con la evolución cíclica de la historia; Hegel, con su lucha de los contrarios; Max Weber con el evolucionismo económico y Herbert Spencer, con su sociología evolutiva.

Acorde con la teoría demográfica de las naciones, proclamada por el economista inglés Thomas Malthus, la población crece en progresión geométrica, mientras que los medios de subsistencia solamente aumentan en progresión aritmética.

El matemático y filósofo Bertrand Russell comentaba especialmente sobre el excesivo crecimiento de la población, mientras el neo-maltusianismo postulaba la implantación coactiva de medidas encaminada a restringir la natalidad, como la esterilización.

Sabemos que la multitud dimensional de nuestros espacios sensitivos determina las llamadas "incoordinaciones" teorizadas por Henri Poincaré, George Berkeley, Arthur Schopenhauer[29]. Ellas, las multi-dimensiones, se distanciarán de las posibles en cada especie viviente. Como consecuencia, la epistemología naturalizada humana resultará con seguridad notoriamente diferente a la de los animales, otorgando una diferenciación de grado, pero no de esencia. Por el contrario, la epistemología naturalizada del animal tiende a vivir siempre el presente atemporal.

De esta vertiente provienen los defensores de los instintos innatos de agresividad animal, del cual estaban equipados nuestros ancestros cavernarios para sobrevivir a un medio hostil.

La herencia genética

La realidad es que hay tanta cooperación entre las especies como competencia. El darwinismo social, no entiende los mecanismos de la evolución biológica de la cual supuestamente se afianza y establece que los ricos y poderosos son individuos más capaces, mientras los desposeídos y los obedientes resultan los menos aptos.

A principios del siglo XX, la teoría de las mutaciones y de la herencia genética es reforzada con el trabajo del botánico checo Gregor J. Mendel[30] (1822–1884), promotor de la teoría de los rasgos hereditarios transmitidos por leyes matemáticas, que descansan en el cálculo de probabilidades; esta hipótesis alteraría la visión mecánica morfológica de Darwin. La presencia de caracteres no adaptativos enfatizados en la teoría de la mutación de Hugo de Vries enfatiza en los factores internos[31] (no externos) en la evolución; a su vez desdiciendo a Darwin.

Esta nueva síntesis efectuada por Mendel y por De Vries, unido al avance de los aparatos microscópicos que descubrieron los genes y los cromosomas, dieron fin con la ortogénesis que excluía la influencia del medio ambiente, la evolución lineal no adaptativa, y con la visión neo-"lamarckiana" de la variación y la herencia para integrar los caracteres adquiridos, y con el super-determinismo evolutivo darwinista.

De pronto, los darwinistas no sabían qué hacer ante el ataque de la teoría de las mutaciones de Mendel. Por supuesto, la mayoría le declaró la guerra; pero otros se lanzaron a la ingente tarea de reconciliar lo irreconciliable: el evolucionismo darwinista con los conceptos pragmáticos y anti-evolucionistas de Mendel. A esto se añadiría el determinismo biológico del biólogo molecular francés Jacques Monod, proponente de un humano víctima de las férreas leyes universales. Es la guerra entre los darwinistas y los mutacionistas.

El evolucionismo se consagró en los textos sobre la genética de poblaciones y los modelos estocástico-poblacionales. Cabe mencionar como fundamentales los escritos sobre genética de Theodosius Dobzhansky[32] con su *Genetics and the Origin of Species*, con el ensayo sobre zoología de Ernst Mayr[33], titulado *Sistematics and the Origin of Species*, y el libro de paleontología de George G. Simpson[34] titulado *Tempo and Mode in Evolution*.

Finalmente, a inicios del siglo XX, los estudios sobre la vida dieron un salto con los resultados empíricos que provocó el conocimiento del núcleo celular, y el redescubrimiento de la teoría hereditaria de Mendel, que facilitaron los adelantos de la genética.

Le teoría de las mutaciones y de la herencia genética se refuerza con el trabajo de Mendel, con su teoría de los rasgos hereditarios transmitidos por leyes matemáticas que descansan en el cálculo de probabilidades.

El hallazgo ulterior del ácido nucleico y la certeza de que los cromosomas eran los receptores del material genético –los cuales contenían proteínas–, desató una ola de estudios y experimentos sobre el material químico de los genes, que llevó a establecer una estructura genética más exacta.

En cuanto a la definición como premisa biológica, la llamada geneantropía tanto física como informática, podemos observar que este es un factor de similitud entre el humano y el resto de los animales como lo observaran Auguste Comte, Michel Foucault y otros. Culturalmente esto se nos presenta, a través de su sinónimo orden. Se quiere decir con esto que la política, la ética, etcétera, son categorías ordenadoras en todas las agrupaciones biológicas.

También no escapa aquí las cuestiones de auto-dominio (animales que rescatan vidas humanas estando o no adiestrados para ello) y, a su vez sexuadas, como analiza Foucault, puesto que las patologías se presentan también en las bestias.

Por otra parte, se entenderá, también que el humano tenga todavía el caos dentro de sí como observara Friedrich Nietzsche, puesto que lo corrobora el mismo principio biológico negentrópico: "orden con algo de desorganización". Esto es correcto ya que se mantiene un tanatos incorporado latente, como en todo ser viviente humano o no[35].

Los científicos Francis Crick y James Watson, prosiguieron en los empeños por decodificar el código genético ayudando al discernimiento de la herencia y la evolución, y creando otro punto de contacto entre las ciencias, la ingeniería y la tecnología genética.

Los primeros en develar tal misterio fueron los científicos Francis Crick y James Watson, quienes en 1953 fijaron la disposición de la "doble hélice" del *ADN*. Más tarde prosiguieron los empeños por decodificar el código genético, ayudando al discernimiento de la herencia y la evolución, y creando otro punto de contacto entre las ciencias, la ingeniería y la tecnología genética.

Así, el darwinismo apuntalaba teorías sociales repudiadas, como el darwinismo social, que justificaba la superioridad racial, la antropología criminal y las corrientes higienistas sociales.

¿Implica esto que ciertos aspectos de los humanos están "fijados" en nuestros genes?

De esta forma se presenta el canibalismo de los aztecas como una respuesta fenotípica a la necesidad de carne programada genéticamente y el homosexualismo como un mecanismo para prevenir la sobre-población.

Si bien manifestaciones como el sueño o el hambre son productos de una planificación genética, y la esquizofrenia se debe a un desajuste genético, es incierto que cada comportamiento humano esté precisado por los genes, dejándonos sin potestad de decidir por nosotros mismos nuestras acciones.

Frente a esta noción de la brutalidad programada genéticamente se contrapone la acción violenta del sujeto como resultado de un medio socio-económico, donde el individuo en colectividad hace dejación de su moralidad y responsabilidad personal en favor de una figura autoritaria institucional.

De ahí provienen las tramoyas de aprobación pública a los procesos de aniquilación masiva de otros seres humanos mediante la represión o la invasión de ejércitos. El hecho de que la conducta humana se halle delimitada completamente por el entorno social y cultural nos convierte en sumisos autómatas. Es cierto que a diferencia el humano no puede vivir su vida sin expresarla puesto que, a diferencia de la existencia del animal, su facultad cognitiva le permite ser consciente de su propia muerte y por ello, entonces, decide perpetuar su vida aún después de muerto.

De aquí que el papel religioso y cultural destaca al humano sobre el resto de las especies. Otra cosa que diferenciaría al humano de los demás seres es su capacidad de involución. Pareciera que las consecuencias de su propio intelecto deterioran su propio fruto, realimentándolo de tal manera, que se asemeja muchas veces a las bestias en sus esquemas de acción. Es como si quisiera retroceder a lo animalesco más que a superarse; es decir, como si se estuviera produciendo un proceso de *reversión* en la evolución.

Tratando de descubrir cuáles genes dictan la agresividad, o cuáles son receptivos a la interacción de los animales y humanos con el medioambiente, la socio-biología no concede opciones fuera de estas dos posibilidades divergentes.

La posición de la socio-biología cae también en el sexismo: el método de selección natural darvinista, de la hembra con el macho más apto, donde una naturaleza difícil genera comportamientos que enfatizan la diferenciación acorde con el género y con la base genética de preferencia sexual que llevan a una sociedad de dominación agresiva masculina que se impone sobre el género femenino.

La pretensión de la socio-biología darwinista esbozó generalizaciones absolutas sobre la cultura y la sociedad humana, en especial sobre nuestros principios éticos; y reflejó su prisma tremendamente adaptable y maximalista con respecto a la selección natural.

Así fue como en ciertas sociedades industrializadas el darwinismo social su fusionó a la visión calvinista de que la gran acumulación de bienes por ciertos grupos humanos prueba en última instancia su superioridad genética en la carrera por la vida.

Por su parte, el positivismo lógico y el conductismo prescriben lo que el humano puede abordar, negando aquellas ideas imposibles de ser verificadas, aunque implique impugnar la realidad o importancia de las cosas. De tal manera, los fenómenos sensoriales y el conocimiento no-representativo están totalmente desterrados de los niveles cognoscitivos.

Otro caso fue la eugenesia en su intento por demostrar la "superioridad" en términos de sangre y buen linaje de un grupo en concreto, raza, nación, clase social, o sexo. Estas conjeturas de la singularidad biológica y socio-biológica han dado pie a la falsa correspondencia entre la diferenciación tecnológica o cultural de grupos humanos con disparidades genéticas.

La burda manipulación eugenésica se ejemplifica con las ideologías raciales. En Estados Unidos, la reacción racial contra las oleadas migratorias mediterráneas llevó al extremo de implantar leyes de esterilización eugenésica sobre tales inmigrantes y para supuestos deficientes mentales. En Alemania, la política de expansión geo-económica, de acuerdo con la llamada geopolítica del espacio vital fundada por Karl Haushofer, culminó en los famosos campos de concentración para aquellas razas clasificadas de inferiores, como judíos, eslavos y gitanos.

Fig. 109

Mito de la Creación

América
del
Norte

Europa

Mar de Tethys

África

América
del
Sur

(b)

Pangae. Supercontinente

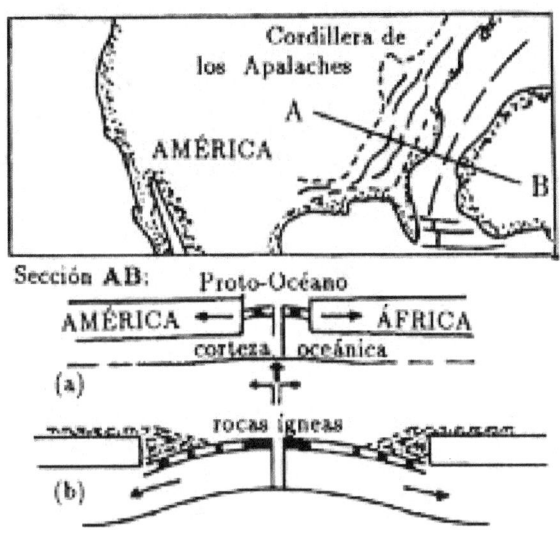

Separación de los continentes

T-Rex

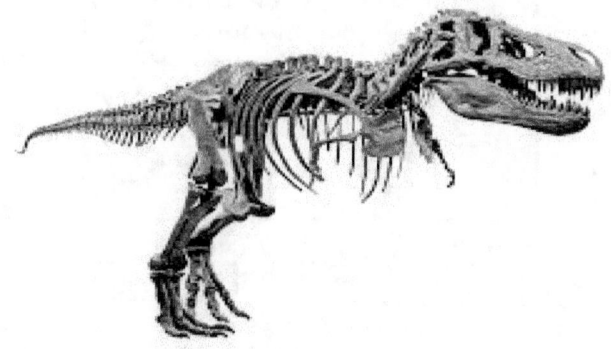

Los grandes saurios

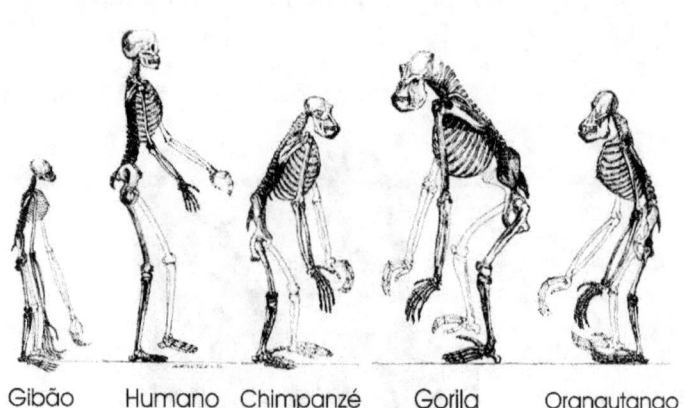

Gibão   Humano Chimpanzé   Gorila   Orangutango

2

La racionalidad tecnológica

Hoy la dominación se perpetúa y amplía no sólo por medio de la tecnología, sino como tecnología; y esta es la que proporciona la gran legitimación a un poder político estatal expansivo que engulle todos los ámbitos de la cultura. En este Universo la tecnología proporciona también la gran racionalización de la falta de libertad del humano y demuestra la imposibilidad técnica de la realización de la autonomía, de la capacidad de decisión sobre la propia vida.

Pues esta ausencia de libertad no aparece de manera racional o política, sino más bien, como sometimiento a un aparato técnico que hace más cómoda la vida y eleva la productividad del trabajo. La racionalidad tecnológica, en lugar de eliminarlo, respalda de ese modo la legalidad del dominio; y el horizonte instrumentalista de la razón se abre a una sociedad totalitaria de base racional.

Así, la misión de la sociología se reduce a una descripción escueta de hechos, y con esto cae en el más trivial subjetivismo reducida a una metodología que presta servicios ideológicos a la razón tecnológica.

Los mismos puntos de vista del subjetivismo se comparten por gran parte de los sociólogos norteamericanos de la llamada escuela semántica, como

Ferdinand Tonnies y Pitrim Sorokin, los cuales proponen la hipótesis del desarrollo social y económico secuencial en forma de ciclos.

El sociólogo Mark Durkheim diseña una sociedad de individuos a semejanza de un bio-organismo en la que el humano es una célula singular y las instituciones sociales los órganos, donde la interacción social y la aportación de culturas pueden ser estudiadas como si fuesen sistemas selectivos.

Asimismo, Robert Boyd y Peter J. Richarson[1], en el ensayo *La Cultura y el proceso evolucionario*, realizan una investigación matemática de las transmisiones culturales. Pero esta perspectiva biológica de las ciencias sociales, si bien es adaptada con cierta certidumbre a la conducta de los animales, no sólo resulta inadecuada en la sociedad humana, sino también errónea.

Sociólogos como Max Weber y Raymond Aaron tratan de subordinar los planos sociales y las fuerzas mecánicas de la sociedad al determinismo economicista o ideológico. Por su parte, no trascenderán los intentos del húngaro Karl Mannheim[2] (1893-1947), el cual planteaba que todo conocimiento se determinaba por el medio social del cual surge; es decir, a una sociedad dada, con un estadio de desarrollo específico, corresponde también mecánicamente, un nivel de conocimiento que no puede ser mayor o menor.

El fondo universal

Siguiendo este reduccionismo sociológico, Albert Einstein y su teoría de la relatividad no podían generarse en Marruecos; pero ello no puede explicar en el siglo XX el fenómeno de los teóricos en ciencias puras de la atrasada Rusia, de los brillantes matemáticos hindúes, de los físicos chinos, de los abundantes premios Nobel latinoamericanos, africanos y árabes de literatura.

No es de extrañar que el grueso de los sociólogos norteamericanos de más renombre proviniera de un entorno rural. Al lado de esta sociología anti-tecnológica, se desenvuelve un culto a la "objetividad científica" entre los teóricos sociales, al estilo de Max Weber.

El filósofo Wilhelm Dilthey escribe lo siguiente[3]: "La posición racionalista es la que principalmente defiende hoy la escuela de Kant. El padre de esta posición fue Descartes, primer filósofo que dio expresión victoriosa a la soberanía del intelecto. Esta soberanía encuentra apoyo en toda la posición religiosa y metafísica de su época, y rige lo mismo para John Locke e Isaac Newton que para Galileo Galilei y René Descartes. Según esta, la razón es el principio de la construcción del Universo, no un hecho episódico del planeta".

Pero nadie hoy puede dejar de reconocer que ese grandioso fondo metafísico ya no es evidente. En esta dirección han actuado numerosas influencias. El análisis de la naturaleza parece ir prescindiendo poco a poco de considerar la razón constructiva como su principio; Laplace y Charles Darwin representan con máxima sencillez esta transformación.

Desde luego, de todo esto se infiere que ya no podemos rechazar a priori una opinión que considere al intelecto soberano de René Descartes como un producto singular, efímero, de la naturaleza, sobre la faz de la Tierra y acaso de otros astros. Muchos de nuestros filósofos la combaten.

Pero ninguno considera ya como evidente esa razón cartesiana, fondo universal del conjunto cósmico. Y de esta suerte, la facultad de esa razón, de apoderarse de la realidad mediante el pensamiento, conviértase en hipótesis o en postulado[4].

Al considerar erróneamente los sociólogos y los teóricos sociales al siglo XX en su totalidad como la era del maquinismo, no advierten que, a partir de su segunda mitad, la acción mecánica comenzó a ser reemplazada por la electrónica y los procesos físicos y químicos. Los intelectuales, al estilo del francés Jacques Eilul, no acaban de aprehender la extensión en que las ciencias han enriquecido al ser humano convirtiendo al planeta en un lugar mejor para la vida.

Hasta ahora, la misión de la sociología se circunscribe a mostrar una descripción muy escueta y específica de cada campo de estudio, de los hechos históricos, sociales, económicos o humanos; y con esto cae en el más trivial subjetivismo, y queda compartimentada y restringida a una metodología esclavizada al final a prestar servicios ideológicos a la razón tecnológica o, en último caso y pese al esfuerzo de sus promotores, verse favorecida por las élites políticas y económicas para auto-justificar sus actitudes y decisiones.

La sociología del conocimiento posmodernista asevera que la "creencia" es una construcción social y por eso indagar si la misma es racional o irracional está fuera del campo de estudio carece de significación. Basada en la selección individual, la socio-biología obtiene sus fuentes de las teorías y observaciones que se realizan en los estudios de selección de grupos.

La información genética

La asunción cartesiana expresa que el cuerpo humano es totalmente mecánico como el resto del mundo material y en principio explicable en tales términos.

La visión de René Descartes se transforma en el ideal de la biología mecanicista con los genes; así, los organismos biológicos se consideran maquinarias inanimadas, el resultado de las fuerzas ciegas de la selección natural. Esta noción nos ha otorgado un falaz sentido de control total sobre la naturaleza, cuyas consecuencias ya terribles pueden ser fatales para la sociedad y las ciencias.

La concepción del Universo material como una máquina se extiende a los organismos vivientes; las plantas y los animales se consideran como maquinarias simples.

Existen también muchos casos de involución biológica, como el de los bacteriófagos[5] y otros parásitos; y, resulta llamativo que, en el continente de Australia, desgajada de las principales masas continentales hace 100 millones de años, no desarrolló seres humanos o algún animal de inteligencia superior.

Para George C. Williams[6] es el hábitat ecológico complejo –es decir, el medio–, lo que imponía la multiplicidad genética.

No fue hasta finales de los años 1930 que el mecanismo de Darwin para la evolución obtuvo una aceptación generalizada. En esa época figuras científicas importantes como John S. Haldane, Teodosio Dobzhansky y Sewall Wright se convirtieron en los padres del neo-darwinismo, que fundió la selección natural con la genética de Mendel.

Se consideró que las variaciones en la descendencia de Darwin se debían a cambios en el *ADN*, que surgían de mutaciones casuales y reajustes moleculares internos, sobre los que actuaría la selección natural.

El método evolucionista, aplicado inicialmente a la biología, donde todo fenómeno atravesaba un proceso de lenta evolución o transformación procediendo de forma mecánica, se extiende a otras disciplinas como la paleontología y la geología. Los genomas animales y vegetales están constituidos por una suma de genomas bacterianos y virales[7].

Así, en el mundo biológico el modelo del darwinismo comenzaría a verse cuestionado por los procesos evolutivos iniciados en catástrofes, por organismos que han sobrevivido a todas las edades geológicas sin haber evolucionado, como los foraminíferos.

Mientras los artro-zoos se imponen por medio de instintos y de conductas innatas, programadas por las leyes de la naturaleza los vertebrados lo hacen por medio de la inteligencia.

Al gradualismo evolutivo debe añadirse el factor adicional de las súbitas extinciones masivas, los hechos catastróficos donde la supervivencia de los organismos más adaptados no es el elemento primordial; a nuestro entender, ambos aspectos en discusión no son discordantes, sino que han estado unidos en todo el proceso formativo del plantea y de la vida.

El hecho de que el proceso evolutivo de nuestra especie y el inicio de los períodos de la civilización humana han sido puestos en marcha por catástrofes, no objeta los coeficientes de selección y mutación, y de plazos históricos al parecer progresivos.

Hasta mediados del siglo XX, los biólogos se limitaban a estudiar el dominio de los animales e ignoraban, increíblemente, a los otros cuatro de los cinco reinos vivientes, como las bacterias, los hongos, las plantas y los protozoos. Ello nos ofrecía una pobre visión de las fuentes más importantes de la evolución creativa, pues los animales resultan no solo uno de los tantos órdenes animados del planeta, sino que fueron una creación tardía de la naturaleza.

Por otra parte, el biólogo George Richard Dawkins[8], propulsor del darwinismo social, y un puñado de sus colegas argumentaban que los genes moleculares del *ADN* eran las unidades fundamentales de la selección natural, los moldes de las siguientes réplicas.

Para ambas corrientes citadas, la selección natural se presenta como todopoderosa en el campo de los fenotipos, en las formas de los organismos, donde el *locus* de la selección es el gen y los organismos son únicamente entidades secundarias. Lo importante, entonces, no es el humano, que pasa a ser un almacén de genes, sino el gen que este porta[9].

De esta forma, se conceptúa que los organismos sólo son receptáculos de la información genética, donde el individuo es un objeto material y el gen una compilación de información que lo manipula.

En este criterio, lo primario, lo imperecedero y "evolucionable" no es el organismo, no es el humano, ni siquiera el gen, sino la información sobre la armazón física del individuo contenida en estos últimos.

Para esta tendencia, los relieves de la complexión humana, las señas físicas no persisten, sino que aparecen como producto de instrucciones genéticas precisas que ordenan la construcción de manos, ojos, orejas, uñas o cualquier otro órgano[10].

Pero el descubrimiento desconcertante del conocido *Teorema de Bell* (John S. Bell), y los experimentos en los aceleradores de partículas arrojan que tales partículas sub-atómicas toman constantemente "decisiones propias". Y, lo que es más descabellado aún, estas decisiones se basan en otras tomadas, paralela e instantáneamente en latitudes remotas.

Ello lleva a cuestionar si nuestras reacciones también no están rígidamente programadas, como las químicas, pese a ser más complejas. La vida demanda un esclarecimiento de nosotros. Por eso, una parte esencial de nuestra contienda humana es tratar de descifrar el mensaje que portamos pues, si no somos lo que parecemos, entonces debemos tener otra finalidad.

La vida no es un proceso lineal, y el dominio de esta nueva disciplina, la biogenética, abrirá una vasta frontera a la humanidad[11]. Es imposible determinar la capacidad de reacción de la materia inerte pues los componentes químicos responden a estímulos.

La biología molecular

La biología molecular ha contribuido decisivamente a la nueva teoría de la evolución: el gen como una secuencia de información bioquímica. El establecimiento del modelo estructural del *ADN* por Watson y Crick en 1953 permitió fijar el contenido informacional de los genes sobre la base de las secuencias de aminoácidos.

La ingeniería genética está a las puertas de lograr la corrección o eliminación de los genes defectuosos que están en la base de una variada gama de enfermedades. Ello posibilitará modificaciones dirigidas a alterar algunos de los rasgos de la herencia genética humana. Es objeto de serios debates la creación de nuevas especies vegetales o animales con el fin de incrementar la producción agraria.

Entre los ultra-darwinistas, George C. Williams fue el exponente cardinal de la tesis que designaba a los genes como el artificio donde actuaba la selección natural y que, por medio de ellos se esclarecía el desarrollo general, así como las adaptaciones más complicadas.

Es precisamente a ella a las que nos referimos como dice Darwin[11]: "Comparto enteramente la opinión de los autores que admiten que, de todas las diferencias existentes entre el hombre y los animales más inferiores, la más importante es el sentido moral o la conciencia".

Schopenhauer en esto observa[12]: "Las bestias tienen entendimiento, pero carecen de razón. Poseen, por consiguiente, el conocimiento intuitivo, pero no el abstracto; su percepción es exacta, llegando hasta a apreciar el encadenamiento causal inmediato, y los animales superiores pueden elevarse muchos grados en este encadenamiento; pero el animal no piensa, en el sentido propio de la palabra, porque carece de conceptos, o sea de representaciones abstractas".

De aquí que como primera consecuencia se derive la falta de memoria hasta en los animales más inteligentes, y esto es lo que constituye la principal diferencia entre su conciencia y la de los humanos. La perfecta reflexión se funda en el claro conocimiento de lo pasado".

Citando al filósofo Martín Heidegger[13], podemos ver que los animales también se proyectan, es decir, se curan a sí mismos, ven expectativas, etcétera. Que este autor le haya negado a la antropología filosófica clásica estudiar al homo como un ente en el cosmos y no como una manifestación del sentido del ser, ¿acaso quiso decir que él no es diferente de los demás seres vivientes en algo?

Si bien se defiende este punto, Heidegger se contradijo ya que buena parte de su filosofía indica lo contrario al decir que el ser–ahí es exclusivo del humano, al decir que los *entes* que no son humanos son, pero no existen porque solo el humano puede "salirse" de sí mismo e interpretar al ser.

El gen es la sola unidad de la herencia y el conjunto de genes de un organismo es el genoma. A ello se debe que el reduccionismo y el determinismo biológico han dominado todas las ramas de la biología[14]. Los rasgos adquiridos no se transmiten biológicamente.

Genotipo y fenotipo

¿Se podría entonces sacar la conclusión de que "todo está en los genes"? Para los evolucionistas contemporáneos la adaptación de una especie viva a su entorno es el principal agente que impulsa y dirige la evolución biológica.

Los biólogos dividen el organismo en dos partes, la composición genética, conocida como el *genotipo*, y las cualidades aparentes, el *fenotipo*. El genotipo, o los genes que se encuentran en el núcleo de cada célula, son más o menos fijos, exceptuando alguna mutación casual.

El total de las propiedades morfológicas, fisiológicas y de comportamiento, es decir, el fenotipo, no resulta algo fijo. Por el contrario, cambia constantemente a lo largo de la vida del organismo por la interacción entre el genotipo y el entorno y entre el fenotipo y el entorno.

¿Es posible superar o cambiar las deficiencias genéticas a través de una mejora en el entorno?

Una sola mutación no puede transformar una especie en otra. La información contenida en el gen no se mantiene en un aislamiento perfecto. En un punto dado, pequeñas variaciones llegan a un estadio cualitativo, y se forma una nueva especie. Este es el significado de la selección natural. Durante casi 4 mil millones de años los genes de todo organismo viviente, plantas y animales, incluyendo los humanos se han ido formando de esta manera. Este no es un proceso unidireccional.

No hay dos personas totalmente iguales. Algunos biólogos moleculares y también socio-biólogos han planteado que toda la selección natural en última instancia actúa a nivel del *ADN*. Algunos han dado al gen ciertas calidades místicas; muchos hablaban de una codificación genética para características físicas y de comportamiento. La idea de que las características físicas, morales y mentales de una persona se transmiten inalteradas e inalterables a través de los genes no tiene ninguna base genética científica.

Por otra parte, el biólogo Richard Dawkins[15], propulsor del darwinismo social expresa que lo importante, entonces, no es el humano, que pasa a ser un almacén de genes, sino el gen que este porta.

Es así que, para tal corriente de biólogos, la selección natural se presenta todopoderosa en el campo de los fenotipos con las formas de los organismos, donde el locus de la selección es el gen y los organismos únicamente entidades secundarias.

Los evolucionistas del siglo XIX y muchos filósofos aún hoy día se hallan obsesionados con la noción de la lucha bruta por la supervivencia, con la cual quieren definir la selección natural, ignorando otras cualidades humanas como la generosidad, el sacrificio, la sabiduría universal, el sentido de la belleza, el lenguaje.

De ahí se pasó a la noción de que los genes compiten entre sí, dentro de un cuerpo, para imponer sus instrucciones. Pero esta hipótesis de la guerra de los genes se debe a un pensamiento reduccionista cartesiano pues, si bien es cierto que la selección genética está presente en los organismos, ella no es la fuente única o la dominante en la metodología evolucionista.

Esta no se halla bajo un control de adaptación, pues los genes imponen restricciones al organismo que lo aíslan ante la influencia del medio, pero tal cosa no quiere decir que los genes se imponen por sobre el organismo total.

El gen egoísta

En su texto, *The Selfish Gene*, Dawkins[16] concede fuerzas al determinismo genético. Una generación entera de científicos americanos y de otros países ha sido educada en esta confusión.

Los organismos son mucho más que una amalgama de genes. La diversidad cultural no está vinculada a los genes, sino a la historia social. El punto de vista de Dawkins es esencialmente reduccionista.

En el curso de las últimas cuatro décadas se han producido avances colosales en el campo de la genética y la biología molecular. En 1972 se aisló y se reprodujo el primer gen "clonado" en un laboratorio. Aunque inicialmente fue tema de consideraciones éticas, ya la introducción de genes clonados en humanos se ha convertido casi en una rutina.

Como vimos, al adoptarse el evolucionismo a la paleontología, la geología y la biología, la figuración del Universo material como una maquinaria se trasplantó entonces a los organismos vivientes. Las plantas y los animales se estudiaron como maquinarias simples[17]. Así, el darwinismo es incorporado inicialmente a la biología, donde se concibe que todo fenómeno atraviese un lapso de evolución lenta o mutación mecánica.

La razón por la cual los biólogos no han resuelto todavía explicar todos estos fenómenos es por qué hay una diversidad de especies tan vasta, y una diferencia tan extrema de sus integrantes dentro de estas, sin la cual no existiría la genética, no tendría lugar la evolución y, probablemente, no habría una biología como tal[18].

Los patrones más genéricos en la gesta de la vida se excluyen al transferirse mecánicamente por los biólogos, la lucha por el éxito reproductor y el arquetipo de los pájaros pinzones de Darwin a los organismos individuales, es decir al extrapolarse el darwinismo a la inmensidad del tiempo geológico, donde se pierden de vista otros procesos y principios que impactaron con no menos fuerza a las especies, como las extinciones masivas, los procesos casuísticos, así como la aparición de nuevas especies debido al equilibrio punteado.

¿Es que hay algún otro estado de Naturaleza que no sea el hobbesiano? Nos dice Thomas Hobbes[19]: "De esta igualdad [humana] en cuanto a la capacidad se deriva la igualdad de esperanza respecto a la consecución de nuestros fines. Esta es la causa de que, si dos hombres desean la misma cosa, y en modo alguno pueden disfrutarla, ambos se vuelven enemigos".

Ahora por primera vez en la historia del planeta los humanos están en el proceso de adueñarse de los secretos de su propia evolución. La selección natural deja de ser una fuerza ciega y misteriosa. Se puede llevar al genotipo todo poderoso bajo el control del fenotipo. Nuestro género tiene el potencial de determinar su propio destino, y modificar los duros dictados de la selección natural.

"De la misma manera que los organismos son interpretaciones de la información genética en un entorno específico", escribe Oliver Morton[20], "la utilización de estos conocimientos genéticos dependerá de los entornos económicos, éticos, personales y políticos, en los que se utilicen. Pero para bien o para mal se utilizarán. Los genes que limitan y permiten imperiosamente serán controlados por la voluntad humana; se podrán mover los límites, se podrán ampliar los permisos. Los genes nunca han sido los dueños absolutos de la naturaleza humana, pero tampoco han estado al servicio de la humanidad. Hasta ahora."

Las posibilidades de esta biología son casi infinitas. El mundo natural, incluyendo el cuerpo y la mente humana, serán maleables; órganos implantados podrían remodelar el cerebro, virus diseñadores reconstruir tejidos viejos. Ya se están diseñando los órganos humanos que crecen en animales para ser trasplantados ya se están diseñados.

Pueden aparecer nuevos tipos de criaturas, criaturas que nos maravillen. Si la humanidad no puede encontrar seres parecidos en las estrellas, podría crear nuevas inteligencias en la Tierra.

La ley del más fuerte

La diferencia genética entre el humano como especie y el chimpancé es realmente pequeña; nuevas especies pensantes no son inconcebibles. Todo esto puede lograrse a través de la genética.

69

Es un hecho que la mujer, el género que en los últimos cuatro milenios ha sido considerado física e intelectualmente inferior al hombre, por parte del poder masculino patriarcal, no solo posee una resistencia física y un sistema inmunológico orgánico superior a su contraparte, que le dispensa una mayor longevidad que a éste, sino que incluso mantiene latentes ciertas cualidades de percepción extra-sensorial atrofiadas en el género masculino[21].

Acorde con el darwinismo, basta mirar alrededor nuestro, los vegetales, los microorganismos y demás para reconocer, desgraciadamente, que el Edén bíblico es una mera quimera. Así, entonces, todo ecosistema se vale de agresiones, opera la ley del más fuerte y carece de justicia porque no tiene sentido hablar de ella.

Ello desdice la apreciación del filósofo francés Jean Jacques Rousseau[22]: "Este paso del estado de naturaleza al estado civil, produce en el hombre un cambio muy importante, sustituyendo en su conducta el instinto por la justicia y dando a sus acciones la moralidad que le faltaba antes. Solo entonces, cuando la voz del deber cede al impulso físico y el derecho al apetito, el hombre, que hasta entonces no había mirado más que a sí mismo, se ve obligado a obrar con arreglo a otros principios y a consultar su razón antes de escuchar sus inclinaciones".

Se alegan ciertas pruebas en las conductas humanas entre sí y también al compararlas con la de los animales. Siempre hay una actitud defensiva en los encuentros; cuando se presentan dos personas se saludan con el hermetismo de la desconfianza que, por supuesto en los humanos, ocultan tras la cortesía. Es esto un instinto natural de supervivencia.

Así, intentan vincular el comportamiento criminal a factores biológicos, mediante los vínculos genéticos entre raza y comportamiento antisocial o criminal. Estos estudios biológicos, superficialmente objetivos, ignoran ciegamente las diferencias sociales y culturales, puedan reforzar equivocadamente estereotipos raciales.

Es imposible entender el proceso de la evolución tomando sólo uno de sus componentes por separado ante la realidad de una interacción constante entre los elementos biológicos y "culturales".

La utilización de las teorías biológicas y genéticas para justificar políticas ha sido revivida por los genetistas especializados en la población como Luca Cavalli-Sforza, Paolo Menozzi y Alberto Piazza[36], los cuales concluyen que si descontamos los genes que determinan rasgos superficiales como la coloración y estatura, las "razas" humanas son enormemente parecidas debajo de la piel. La variación entre individuos es mucho más grande que entre grupos raciales.

Según la revista norteamericana *Time*[37], "de hecho, la diversidad entre individuos es tan grande que, el concepto de raza no tiene ningún significado a nivel genético. Los autores afirman que no hay "base científica" para las teorías que plantean la superioridad genética de una población sobre otra".

El artículo del *Time* reafirma lo siguiente[38]: "A pesar de las dificultades, los científicos han hecho algunos descubrimientos que rompen mitos. Uno de ellos salta a la vista en la portada: un mapa en color de la variación genética a nivel mundial en el que África está en un extremo del espectro y Australia en el otro".

Puesto que los aborígenes australianos y los africanos sub-saharianos tienen rasgos superficiales comunes como el color de la piel y la forma del cuerpo, se suponía en general que estaban estrechamente relacionados. Pero sus genes nos cuentan una historia bien diferente.

De todos los humanos, los australianos son los más alejados genéticamente de los africanos y son muy cercanos a sus vecinos del sudeste asiático. Por ejemplo, el libro del paleontólogo Jorge Wagensberg también confirma que el lugar de nacimiento de la humanidad y por lo tanto el punto de partida de las primeras migraciones fue África, demostrando por lo tanto que la escisión de la rama africana es la más antigua del árbol genealógico humano[39].

Por ejemplo, no puede tildarse de inevitable la actual preeminencia humana: una mayor demora en la manipulación del fuego, hubiese decretado nuestra desaparición como especie ante el tremendo frío que predominaba; y el planeta hoy podría estar dominado por los grandes felinos.

Por eso, hay que deconstruir la consideración de que la evolución es la optimización de los organismos para la vida, mediante el mecanismo de la lucha por la supervivencia, ya que la selección natural de Darwin no es ni la única fuerza de diseño en la naturaleza, ni la más importante[33]. Por sí sola, la lucha por la subsistencia no marca las vías por donde discurre la vida planetaria. La supervivencia animal en condiciones duras se ampara mediante la cooperación.

En la actualidad, el mundo de la biología es evangélicamente reduccionista y newtoniano, donde todo se circunscribe a datos y ejemplos, donde el experimento es lo primario y su única ocupación es la de desmontar lo que ya está vivo para conocerlo.

Si bien el lenguaje de los biólogos evolucionistas es el de la química, la utilización de otras ciencias por los darwinistas ha demostrado ser insuficiente. Por ello, la biogenética está forzada a considerar al Universo no como algo establecido e inmutable, sino como un caudal abierto a las probabilidades.

Leyendo a Sófocles en su *Edipo Rey* podemos ver que la tragedia no es exclusiva del humano[23]. Toda la naturaleza por mantener la especie es trágica en su teleología. En el pensamiento epicúreo encontramos que todos los seres vivientes están bajo las mismas leyes de "determinación". La naturaleza es una sola para todos.

El darwinismo social

En Donald Davidson interpretamos que, si desde nuestro punto de vista sólo vemos a un mundo que en su realidad es el nuestro, deducimos de allí la confusión en la diferenciación antropológica. En otras palabras, queremos "traducir" la codificación del supuesto lenguaje de los delfines, usamos para ello equipos de medición realizados con nuestra perspectiva cerebral gnoseológica, y pretendemos que se comuniquen con la misma entropía informática de nosotros[24].

Al estudiar las sociedades primitivas la antropología influida por el darwinismo no toma nota de categorías básicas de la experiencia humana, tales como el lenguaje o la creatividad espiritual.

Por su parte, el estructuralismo negará los aportes de la ingeniería biológica al afirmar que las estructuras vivientes que vemos en la naturaleza pre-existen y emergen de la complejidad de los sistemas dinámicos. Asimismo, repele la selección natural e introduce una visión no selectiva y no histórica de la vida, donde el argumento básico reside en que las leyes de la forma y la estructura de la materia determinan cómo los organismos se desarrollan.

El filósofo Max Scheler nos dice que la diferencia del humano con al animal es que este último se halla limitado como sujeto vinculado al mundo físico y no es libre; es decir, que es dependiente del mundo aun cuando posea cierta inteligencia y su *epistemología* carezca de espacio universal y estable[25]. Otro ejemplo que toma es como el humano transforma el medio circundante, aunque muchos animales también lo hacen (hormigas, abejas, etcétera).

Asimismo, Max Scheler define la exclusividad de la antropología filosófica al decir de[26]: la capacidad humana de objetivarse a sí mismo, es decir, como objeto de estudio. Aquí el humano es capaz de inventarse una metafísica, un Dios, un convertirse en espíritu".

En su visión extremadamente triunfalista y abarcadora con respecto a la selección natural, vemos cómo la socio-biología darwinista estableció generalizaciones absolutas sobre la cultura y la sociedad humanas, en especial nuestros principios éticos.

En ciertas sociedades industrializadas el darwinismo social se fusionó al prisma calvinista que legitimaba la desmesurado acumulación de bienes por parte de ciertas élites humanas, como prueba de su superioridad genética en la carrera por la vida[27].

El triunfalismo de la selección natural

La tesis de Darwin se transformó en un determinismo biológico por el cual los seres humanos se clasificaban en buenos o malos; esta vertiente tuvo sus exponentes más reconocidos en el criminalista italiano Cesare Lombroso[28] y en el cirujano y antropólogo francés Paul Broca[29]. Esta noción también se ha extendido a muchas manifestaciones de nuestra cultura.

Estos preceptos todavía priman en muchos cenáculos intelectuales y centros académicos de las sociedades industrializadas, y han dado pie a considerar que la diferenciación tecnológica o cultural entre las comunidades tiene lugar por razones genéticas. Sin dudas el darwinismo apuntalaba teorías sociales repudiadas, como el darwinismo social, que justificaba la superioridad racial, la antropología criminal y las corrientes higienistas sociales.

¿Implica la teoría evolutiva que ciertos aspectos de los humanos están "fijados" en nuestros genes?

74

Para Herbert Spencer, el darwinismo social y el determinismo biológico establecen las bases de la desigualdad racial y sexual. El padre de la socio-biología, el norteamericano Edward Osborne Wilson, califica esta idea determinista como los fenotipos destructivos[30].

Según Wilson, los hombres son polígamos "por naturaleza", mientras que las mujeres son monógamas "por naturaleza". La socio-biología en general, plantea que el racismo y el nacionalismo son extensiones naturales del tribalismo que a su vez es producto de la "selección de parentesco". Esta idea fue sido sugerida incluso por Richard Dawkins.

A finales del siglo XIX e inicios del XX, al calor de estos reduccionismos extremos, los prejuicios raciales tergiversaron la idea de la eugenesia, que en lo adelante fue apreciada como la posibilidad de perfeccionar las cualidades raciales, tanto las físicas como las mentales. Así, en los Estados Unidos y en Alemania la deformación de la teoría eugenésica fue sancionada legalmente, sin estar documentada en lo científico.

La eugenesia intentó demostrar la "superioridad" de un grupo en concreto, raza, nación, clase social, o sexo, en términos de sangre y buen linaje. En Estados Unidos, la reacción racial contra las oleadas migratorias mediterráneas llevó al extremo de implantarse leyes de esterilización eugenésica sobre tales inmigrantes y para supuestos en los deficientes mentales.

En Alemania, la llamada geo-política del espacio vital, fundada por el general, geógrafo y geopolítico alemán Karl Ernst Haushofer, culminó en los famosos campos de concentración destinados a las razas clasificadas de inferiores, como los judíos, los eslavos y los gitanos.

Tanto los deterministas genéticos como los defensores de la eugenesia, consideran a la inteligencia como algo innato y transmitido a través de la herencia, en correspondencia también con la clase y el origen social. Los psicólogos Hans Eysenck en Gran Bretaña, y Richard

Herrnstein y Arthur Jensen en los Estados Unidos, han defendido la idea de la inteligencia heredada, argumentando que el *IQ* de los negros es genéticamente inferior al de los blancos[31].

Lewis Terman introdujo los famosos *tests* "Stanford-Binet" en los Estados Unidos (los cuales probaron ser fraudulentos) y por medio de los cuales se determinó que la baja inteligencia es muy común entre familias hispano-indias y mexicanas del suroeste y también entre los negros.

El psicólogo inglés Sir Cyril Ludovico Burt[32] defendía también que los hombres eran más inteligentes que las mujeres, los cristianos más que los judíos y los ingleses más que los irlandeses.

En 1907 el Estado norteamericano de Indiana aprobó la primera ley de esterilización que se podía aplicar a los que fueran considerados locos o imbéciles, o subnormales. En 1935, se habían llevado a cabo 20.000 esterilizaciones forzadas con fines eugenésicos en los Estados Unidos; adoptado en la Alemania nazi, donde llevó a la esterilización de 375.000 personas, incluyendo 4.000 por ceguera y sordera.

Dos psico-cirujanos norteamericanos, Vernon Mark y Frank Ervin, plantean que los disturbios en las ciudades de los Estados Unidos están causados por problemas mentales[33], y se podrían evitar con cirugía cerebral de los *guettos*. Sostenidas por teorías seudo científicas, en los Estados Unidos siguen existiendo leyes de esterilización en los libros de reglas de 22 estados

Otro enigma aún no resuelto por los biólogos es el por qué existe una diversidad tan vasta de especies, y una diferencia extrema de individuos dentro de las mismas; ciertamente, sin la cual no existiría la genética, no tendría lugar la evolución y probablemente no habría una biología como tal.

El neo-darwinismo

Es un detalle interesante que en el paradigma neo-darwinista se han ventilado acres discordias dentro de las filas de la biología evolucionista; sobre todo en lo que respecta a qué niveles opera la selección natural, si a escala de los genes, del organismo o de la especie; y qué importancia se debe brindar a otros factores que a todas luces también inciden, como las catástrofes naturales.

Hasta mediados del siglo, los biólogos ignoraban las evidencias fósiles en sus trabajos, codificando en un lugar equivocado el ámbito donde había tenido lugar la verdadera acción sobre la evolución de la vida.

Se limitaban al dominio de los animales que nos ofrecen una pobre visión de las fuentes más importantes de la evolución creativa, y solo resultan una organización tardía en la misma.

Bastaría, creemos, citar al naturalista Charles Darwin[34]: "Las hormigas se comunican recíprocamente sus impresiones y se unen entre ellas para hacer un mismo trabajo o para jugar unidas. Reconocen a sus camaradas después de ausencias de algunos meses. Construyen vastos edificios, que conservan con limpieza, y cuyas aberturas cierran por la noche, colocando en ellas centinelas. Construyen caminos y hasta túneles por debajo de los arroyos. Recogen el alimento para la comunidad, y cuando un objeto traído al hormiguero no puede ser introducido en él, por su excesivo tamaño, agrandan la puerta, que luego reconstruyen de nuevo. Salen en bandadas organizadas con regularidad para combatir y sacrifican su vida para el bien común. Emigran conforme a un plan preconcebido. Capturan esclavas y guardan ofidios en concepto de vacas de leche [...] En resumen: la diferencia entre la aptitud mental de una hormiga y la de un *coccus* es inmensa, pero nadie ha pensado ni remotamente en colocarlos en clases y aun mucho menos en reinos diferentes.

Sin embargo, Stephen Jay Gould[35], biólogo promotor del equilibrio punteado, sostiene la teoría jerárquica del proceso selectivo, donde la selección natural se produce por la participación simultánea de varios niveles, como los genes, los organismos, y unidades mayores como las poblaciones y las especies; donde la selección es muy efectiva y el resultado final no siempre es la adaptación.

Si bien el gen es la unidad de la herencia, el conjunto de genes de un organismo es el genoma. En la biología molecular el gen es una secuencia de información bioquímica y ha contribuido decisivamente a la nueva teoría de la evolución.

Tanto el reduccionismo como el determinismo biológico han dominado todas las ramas de la biología. El punto de vista de Dawkins es esencialmente reduccionista pues los organismos son mucho más que una amalgama de genes, y la diversidad cultural no está vinculada a los genes, sino a la historia social.

Pero, a despecho de esta visión, el organismo humano no puede ser descrito como una suma de lo que los genes hacen; pues no representa a los genes. No hay dos personas iguales.

¿Es posible superar o cambiar las deficiencias genéticas a través de una mejora en el entorno?

Lo imperecedero y evolucionable no es el humano sino la información sobre la construcción del humano, o sea, los genes. Así, cuando se refieren a genes, genotipos o reservas genéticas, están hablando de información, de patrones y no de objetos físicos.

No obstante, la vida demanda una explicación de nosotros, por eso una parte esencial de nuestra lucha por la vida es tratar de descifrar el mensaje que portamos, pues si no somos lo que parecemos entonces tenemos otra finalidad.

78

Los moldes de réplica

La vida es un proceso no-lineal, y el dominio sobre esta nueva disciplina abrirá una vasta frontera a la humanidad. Así, muchos consideran que las especies son solo receptáculos de información, donde las mutaciones ocurren debido a la rapidez con que sus ramas de pequeñas poblaciones se desgajan.

Los organismos vivientes, incluido el humano, no se reproducen a sí mismos en sus progenies, al resultar solo meros vehículos para empacar y propagar a tales replicadores, ya que son éstos los que nos construyen, y el cuerpo, la familia, el grupo social, la arquitectura y el medio que los animales crean solo son partes de la envoltura de los genes.

De acuerdo con esta hipótesis del gen–egoísta, éstos nos fabrican corporalmente solo con el fin de que los propaguemos; queda reducido el animal, y entre ellos nosotros, a una mera máquina de sobrevivencia de genes que se transmiten por generaciones.

Las instrucciones impresas por los genes construyen los robots –el humano– con cerebro, ojos, manos y demás el cual triunfa lo suficiente para reproducirse. Otra corriente es la que conceptúa a los organismos como receptáculos de la información genética, introduciendo una distinción entre la información y la materia, donde el individuo es un objeto material y el gen una compilación de información. En este criterio lo primario no es el gen, sino la información contenida en los mismos.

Para esta visión genética, las características de la complexión humana, las manifestaciones físicas no persisten, sino que surgen como resultados de instrucciones genéticas que ordenan la construcción de manos, ojos, orejas, uñas, y demás.

Entonces, la evolución está planteada como un procedimiento de transformación de las propiedades físicas del organismo, que cambia gradualmente a medida que las especies desaparecen.

Los cambios evolutivos en el tiempo no representan, inevitablemente, un progreso pues gran parte de la evolución es un retroceso en términos de complejidad morfológica. Ello ha generalizado un escepticismo sobre la facultad y el poder de la selección natural, porque las variaciones están constreñidas por leyes estructurales y todas las formas no son posibles.

Hay que deconstruir la noción de que la evolución es la optimización de los organismos para la vida, mediante la lucha por la supervivencia, ya que la selección no es la única fuerza de diseño en la naturaleza.

Algunos especialistas atribuyen a la herencia de los códigos genéticos una relevancia superior al hábitat para precipitar cambios en la estructura fisiológica. Los nichos desiguales donde se mantuvieron las diferentes aglomeraciones humanas neolíticas dejó sus marcas en sus diferencias físicas: estatura, pigmento cutáneo, trazos faciales y corpóreos.

Por ejemplo, un cambio en el eco-clima y la biota del planeta puede haber facilitado que, en ciertas comunidades, el género masculino, físicamente más robusto, se impusiera por sobre el femenino, descartando una razón de selección progresiva o genética y se pierden de vista otros procesos y principios.

Pero existen innumerables casos de adaptación en la naturaleza, como es el de las manos y los pies, que se hallan a propósito y designados para sus funciones. Pero todas las estructuras eficientes en la naturaleza no se explican como resultado de la acción operativa de la selección natural. Hay estructuras que son hábiles, que trabajan bien pero que su utilidad no fue gestada por la selección natural, sino construidas para otras razones, y como subproductos.

Los sistemas fortuitos

Muchos de los patrones aparentes de la naturaleza responden a sistemas fortuitos; el hecho de que algo sea secundario en sus orígenes no implica una importancia inferior. Por ejemplo, las alas de los pájaros no evolucionaron a partir del vuelo. Al igual, la mente humana no resultó de una selección natural; y realiza miles de funciones independientes a cualquier resultado de selección natural.

Ya se acepta que los imprevistos pueden ser tan determinantes en cualquier fenómeno como las causales aparentemente lógicas de la evolución. El cruzamiento y la fusión entre las especies son mucho más importantes que las mutaciones, y gesta incluso especímenes mucho más complejos; y, sin embargo, la simbio-génesis no es admitida como un mecanismo evolutivo.

Así, la selección jerárquica, las restricciones internas impuestas por los genes al organismo y la inmensidad del tiempo geológico resultan los elementos necesarios que debemos sopesar a la hora de fundamentar el desarrollo de la vida, de los organismos y de las especies.

Otra cosa, la cronología de los fósiles no ha respaldado al evolucionismo, pues la morfología de las especies persiste por largos períodos hasta su descontinuación. Si los dinosaurios hubiesen sobrevivido a la catástrofe que los extinguió, la historia del planeta se hubiera comportado diferente y es muy posible que los mamíferos no hubieran prosperado.

El vacío que los dinosaurios dejaron en sus nichos fue aprovechado por los mamíferos cuya embriología facilitó su pronta diseminación. Igualmente, no puede tildarse de inevitable la actual preeminencia humana; la demora en la manipulación del fuego por el humano hubiese decretado su desaparición total como especie, y el planeta hoy estaría dominado por los grandes felinos.

El determinismo biológico encontró su gran teórico en el biólogo molecular francés Jacques Monod, para quien el humano era víctima de las férreas leyes universales. Luego, el evolucionismo se propaga a otras disciplinas, como la paleontología y la geología. La concepción del Universo material como una máquina se lleva a los organismos vivientes; las plantas y los animales se consideran como maquinarias simples.

La asunción cartesiana gestada en la racionalidad, expresa que el cuerpo humano, como el resto del mundo material, es totalmente mecánico y en principio explicable en tales términos. La visión de un René Descartes se levanta como el ideal de la biología mecanicista con los genes, donde se sostiene que los organismos son maquinarias inanimadas, resultantes de las fuerzas ciegas de la selección natural. Esta noción nos otorga un falaz sentido de control total sobre la naturaleza, cuyas consecuencias ya terribles pueden ser fatales para la sociedad y las ciencias.

A despecho de tales criterios, cada vez más nos percatamos que la investigación también radica en componer y ensamblar lo vivo a partir de lo inmaterial, en tratar de crear nuestra propia vida para discernir los problemas que ella encierra, en concederle licencia a la teorización y las hipótesis.

Por su parte, la biología evolucionista no ha concedido importancia a la microbiología, y su entrenamiento académico solo incluye un somero estudio de la física y las matemáticas, a pesar de que estas dos disciplinas son los únicos instrumentos que pueden brindarles las claves para entender cómo las formas complejas pueden ascender desde bases simples, y para facilitar la transformación de la biología de una disciplina histórica en una ciencia de las posibilidades, de la investigación de los procesos posibles, del Universo y de su futuro, de los principios de organización y las dinámicas del proceso de la vida.

El surgimiento de la vida a partir de la materia inorgánica fue un salto evolutivo de gigante. Después de toda una serie de transformaciones, el desarrollo del cerebro pensante como producto de la vida social y el trabajo colectivo, fue otro paso de gigante. De esta manera, la materia adquirió consciencia de sí misma.

Psiquis y evolucionismo

Aunque negado por gran parte de los biólogos, muchos de ellos admiten la existencia de cierto progreso biológico, definido de forma más o menos difusa en términos de aumento de complejidad. Como G. Ledyard Stebbins y Francisco J. Ayala, afamados darwinistas, los cuales declaraban[40]: "la teoría sintética del siglo XXI se apartará considerablemente de la que se elaboró hace unos pocos decenios, pero su proceso de aparición tendrá más de evolución que de cataclismo".

El proceso evolutivo favorece al depredador, porque "utiliza" a la presa para que explote por él los recursos primarios. No podemos definir al humano en estado de aislamiento, puesto que su conducta depende de la estructura de la sociedad de que forma parte y viceversa.

Veamos al respecto lo que nos dice Julien La Mettrie[41]: "¿Quién sabe, por otra parte, si la razón de la existencia del hombre no estará en su existencia misma? Quizás ha sido arrojado al azar en un punto de la superficie terrestre, sin que se pueda saber el cómo y el porqué, sino solamente que debe vivir y morir."

Sigue entonces La Mettrie exponiendo su teoría[42]: "Hay en el hombre, se dice, una ley natural, un conocimiento del bien y del mal que no ha sido grabado en el corazón de los animales." "Un animal hambriento divide el medio ambiente en cosas comestibles y no comestibles. Un animal en fuga ve caminos para escapar y lugares para ocultarse. En general, el objeto cambia según las necesidades del animal.[43]".

José Luis Pinillos agrega[44]: "desde hace aproximadamente medio millón de años, el crecimiento del córtex de los homínidos experimentó una súbita aceleración, mientras otras estructuras inferiores permanecían relativamente estabilizadas.

Para decirlo con las mismas palabras del profesor Paul MacLean, neurobiólogo que mantiene, entre otros, esta teoría, a semejante falta de sincronía evolutiva se debe que nuestras funciones intelectuales sean ejercidas por los estratos más recientes y desarrollados del cerebro, mientras nuestra vida afectiva y nuestros apetitos continúan siendo dominados por un sistema primitivo básicamente reptiliano.

Semejante situación explicaría la diferencia que a menudo existe entre lo que nos dice la razón y la lógica y lo que nos exige el sentimiento, y en definitiva contribuiría a explicar esas contradicciones entre la "bestia" y el "ángel" que acompañan, como la sombra al cuerpo, la vida de todo ser humano.

Este cerebro inferior vendría a representar la sede del "ello" psicoanalítico freudiano, el punto de origen de todos los impulsos libidinosos y agresivos que mueven desde "abajo" nuestro comportamiento"[45].

En palabras del investigador Ernst Cassirer[46] "En efecto: la cultura griega, y sólo ella, es la razón del espíritu, que, como agente específico, conviene sólo al hombre y lo encumbra por encima de todos los demás seres, poniéndole con la divinidad misma en una relación vedada a cualquier otro ser".

El cristianismo, con sus doctrinas del dios hombre y del hombre como hijo de Dios, representa, en conjunto, una nueva exaltación de la conciencia que el humano

84

tiene de sí mismo: piense el humano bien o mal de sí mismo, se atribuye aquí, como humano, una importancia cósmica y meta-cósmica, que nunca el griego y el romano clásicos se hubieran atrevido a atribuirse.

El filósofo Lin Yutang expone con su habilidad e ironía que lo caracterizó[47]: "Todos tenemos la errónea idea de que el cerebro humano es un órgano para pensar. Nada más lejos de la verdad. Esta concepción, sostengo, es biológicamente incorrecta y poco sólida. Lord Balfour ha dicho sabiamente que "el cerebro humano es un órgano para buscar alimentos lo mismo que el hocico del cerdo". Después de todo, el cerebro humano es sólo una parte ensanchada de la médula espinal, cuya primera función es sentir el peligro y conservar la vida. Fuimos animales antes de ser pensadores."

Nicolai Hartmann en su obra sobre metafísica lo observó de la siguiente manera[48]: "dos mundos distintos fundamentalmente: el mundo físico y el mundo psíquico, el mundo del acaecer espacio-temporal y el de los fenómenos de conciencia que, aunque van y vienen en el tiempo, son totalmente in-espaciales. [No] hay modo de comprender que un proceso corporal-físico provoque un proceso de conciencia, puesto que, si bien como "proceso" tiene siempre de común con él el factor del transcurso temporal, su contenido no es espacial ni temporal. [La] unidad de la esencia psicofísica del hombre es totalmente metafísico e irracional."

Y sigue[49] "...Suponer una "causalidad psicofísica" que rigiera directamente a uno y otro lado de la línea divisoria, era una ingenuidad naturalista. Por consiguiente, su modo de determinación tampoco puede ser causal, tiene que ser en algún sentido trans-causal como un proceso a la vez metafísico y metapsíquico."

El matemático Vladimir E. Gmurman añade[50]: "La probabilidad es la estimación cuantitativa de la posibilidad". A lo que agrega Freud[51]: "Si alguien afirma que la mayoría de los sueños utilizables en un análisis deben su origen a la sugestión del analista, no puede hacerse ninguna objeción desde el punto de vista de la teoría analítica. Pero en este hecho no hay nada que disminuya la confiabilidad de nuestros resultados."

Esta reminiscencia de los paradigmas evolucionistas aún se mantiene como una consideración afirmada en la creencia o la fe más que una conclusión dictada por las evidencias y los hechos.

Por ello, la aceptación de lo improbable se transfigura en la esencia de las religiones y las filosofías occidentales, es decir, algo perteneciente a la esfera del pensamiento, mientras, el rechazo de lo no verificable será lo cardinal en la cultura occidental, y traza un mundo objetivo insustancial, donde el papel de la conciencia deviene incidental, asociada sólo al acto de medición y restringida al mundo dimensional que pertenece.

Se considera derogatorio o como una falacia patética aquello que concede atribuciones románticas a la naturaleza inanimada, como la proyección imaginativa de Don Quijote que otorga poderes mágicos a los molinos de vientos. Los antropólogos conceptuarán tales hechos como animismos, chamanismo o atributos tribales mitológicos, mientras en el vocabulario teológico judeo-cristiano se describirá como diablismo.

Al diseñar nuestras percepciones a partir de la fusión de la física clásica con la sicología y la geometría euclidiana, nuestras creaciones resultan inconsistentes, aunque ya desde Blas Pascal y Giovanni Vico hasta Soren Kierkegaard, la tendencia anti-racionalista buscará espacio a la fe y a la metafísica, y figuras, como Ernst Mach, Gustav Kirchhoff, Heinrich Hertz y Henri Poincaré se aventurarán por sendas que violan los preceptos clásicos.

De la dualidad tesis–antítesis hegeliana, y del evolucionismo–catastrofismo elaborada por Darwin para el desarrollo de las especies, se desemboca en la obra clínica del neurólogo austriaco Sigmund Freud.

Freud y el psico-análisis

Si Martín Heidegger, Edmund Husserl y Soren Kierkegaard representan el extremo de las ideas metafísicas europeas, con William Hegel, Charles Darwin, Sigmund Freud, y luego Albert Einstein, la humanidad parece sacudirse de sus sombras mentales milenarias, de la lucha Dios–Satán, para entrar en una etapa de luz donde el progreso resulta la palabra de orden, y el humano el dictador de la naturaleza.

El nacimiento del psicoanálisis de Freud se gesta entre el decadentismo de la Viena de *fin de siècle*, la Austria despojada del imperio centro–europeo y la crisis de las estructuras patriarcales, los roles social y profesional, y la lucha feminista.

Sigmund Freud[52] expresa: "A muchos de entre nosotros les será muy duro renunciar a la creencia de que en el hombre mora un impulso de perfeccionamiento, que es el que le ha llevado al actual nivel de rendimiento espiritual y de sublimación ética, y del que puede esperarse que ha de realizar la evolución hacia el superhombre. Pero yo no creo en tal impulso interior, y no veo manera de conservar esa benéfica ilusión".

La evolución que hasta ahora ha seguido el hombre, no me parece susceptible de otra explicación que la que damos a la evolución de los animales; y esa indómita propensión a mayor perfeccionamiento, que se observa en una minoría de individuos, puede, sin esfuerzo, comprenderse como una consecuencia de la represión de los instintos -represión que constituye la base en que se asienta lo más valioso de la cultura humana[53].

Los procesos verificados en la incubación de una fobia neurótica que son más que los intentos de escapar a una satisfacción del instinto; nos explican cómo se forma ese aparente impulso de perfeccionamiento erróneo mediante el dualismo del cuerpo y el alma (alma vital), que desde tiempos de René Descartes ha lanzado la ciencia por derroteros equivocados.

En efecto, toda sensación, toda percepción como igualmente todo proceso de una unidad funcional fisiológica, vienen condicionados por el instinto; y los instintos son, precisamente, los que constituyen la unidad del organismo psico-físico[54].

Esta crisis que proviene del liberalismo austriaco del siglo XX contenía elementos tan dispares como el anti-semitismo, el positivismo y el marxismo; y por ende el cuestionamiento de todos los principios que sostenían al individuo desde el Renacimiento desembocó en el narcisismo freudiano de su *Eros* y *Tanatos,* un intento fallido por estructurar una teoría general de la racionalidad en crisis del sujeto, pero diferente a lo enarbolado por Marx y Ernst Mach: esta vez con la restitución de los vínculos entre el inconsciente y lo consciente que impidiese la disolución del sujeto.

Los supuestos descubrimientos de Freud descansaron en una tesis mal construida y poco comprobada en casos clínicos de histeria. Sigmund Freud buscaba descubrir los deseos reprimidos por la sociedad, supuestamente ocultos en el mundo de los sueños, sobre todo las apetencias sexuales que consideró encubiertos por una instancia psicológica poderosa.

Freud trató en sus inicios de aplicar el maltusianismo a su teoría de la neurosis, ubicando el nudo del problema en la imposición de medidas represivas a los instintos sexuales de los hijos por parte de los padres, a partir de consideraciones morales establecidas por la sociedad.

Con posterioridad, en 1897, Freud ubicó a la sexualidad como la razón central de la neurosis, independiente al entorno general, inculpando a la figura del padre–represor como propulsor de los desórdenes psicológicos del individuo. En un camino más reduccionista aún, ilustrado en su "complejo de Edipo" consideró que era en la infancia donde se gestaba el sentimiento agresivo y neurótico.

Pero ya en *La interpretación de los sueños*, en 1900, Freud eximió al entorno social como factor de las neurosis, las cuales quedaron como deseos inconscientes reprimidos que emergían en lo sueños edípicos.

Pero luego, en su ensayo[55] *Tótem y Tabú*, Freud retornó al punto original de incluir la matriz social como un dispositivo desencadenante de las neurosis, porfiando, sin embargo, en la represión paternal en la infancia ante la contingencia del incesto, tabú que se manifiesta en el supuesto "complejo de Edipo".

Tanto los psiquiatras vieneses Hugo von Hofmannsthal como Arthur Schnitzler de inmediato se enfrentaron a esta teoría del inconsciente freudiano, alegando la imposibilidad de un orden recóndito ante el caos de nuestro mundo interior; un caos de magnitud tal que los sueños son incapaces de interpretar.

Eros y Tanatos

Se ha constatado la imposibilidad de reconstruir la memoria reprimida y la personalidad del paciente mediante la terapia del psicoanálisis, para curar los patrones neuróticos, entre otras cosas porque el terapeuta siempre contamina al paciente con sus puntos de vista.

El *nostrum* intelectual de Freud está cuajado de creencias animistas y pre–científicas; de oscurantismo transformado en opinión educada, de un discurso evangelista contra las brujas del inconsciente donde, con su balcanización de la psiquis y ausente de rigor científico, el psicoanálisis sirve como una especie de impulso moral y metafísica; una pseudo-ciencia fáustica cuyas interpretaciones bizantinas y arbitrarias, así como sueños lúdicos, pueden trazar la motivación precisa de cada aflicción humana.

La aseveración de causa y cura de las neurosis, la interpretación de los síntomas como compromisos somáticos de formación, la importancia central del incesto, instintos asesinos y temores de castración, el carácter envidioso y amoral femenino, la sexualidad infantil, la teoría de los sueños, en suma, la conciencia dividida señala una reversión intelectual hacia la "patrística" de la iglesia católica cristiana.

La base del "freudianismo" se halla en los casos procesales medievales inquisitoriales de demonización y de brujas, del pecado incubo, de la psiquis como un campo de batalla entre poderes guerreros –benignos y malignos–, y la acción como síntoma de posesión por uno de los contendientes.

Al igual que el resto de la intelectualidad vienesa, Freud fue impactado por la Primera Guerra Mundial y tal conmoción se reflejará en su ensayo publicado en 1920, *Más allá del principio del placer*, en el cual los cuadros neuróticos estaban influidos también por la dicotomía amor-muerte.

El desplome del mundo europeo le llevó nuevamente a recuperar los conflictos relatados en su *Eros* y *Thanatos*[56], al hacerse inseguro inferir que todos los sueños encarnaban deseos sexuales cohibidos, y que el remedio para los males de la civilización consistía en superar esta neurosis edípica, adquiriendo mayor jerarquía los preceptos morales y la inter-conexión de lo consciente y lo inconsciente a la hora de diagnosticar la anomalía del sujeto.

En la actualidad el psicoanálisis ha perdido legitimidad; sus paradigmas se derrumbaron cuando fue demasiado evidente su incapacidad terapéutica, su tolerancia a la auto-contradicción, y cuando su grado de falsificación probó ser preocupante. Así, ha quedado como una pseudo-ciencia según la cual nunca olvidamos algo hasta que es reprimido por el "súper-ello". Esta hipótesis es falsa pues los psicólogos ya saben que la memoria no es fotográfica sino selectiva, distorsionadora y constructiva.

A pesar de su caída en gracia entre los científicos, médicos y filósofos, al objetarse totalmente los resultados del método, la teoría del psicoanálisis de Freud continúa fascinando en especial en los medios humanistas y académicos donde su descrédito ha tenido poco efecto.

En muchos altos centros de estudio sobrevive aún el psicoanálisis, entre los humanistas -*literati*- y científicos sociales que se adhieren al mismo, e imparten cursos salpicados de psicoanálisis y consideran a Freud el pensador moderno más profundo y nada menos que como la imagen guía en la cultura occidental.

Para Michel Foucault[57], varado en la epistemología, es Freud quien provee los textos maestros para determinar la verdad; por lo cual sus proposiciones no tienen que verse examinadas por los cánones de validación científica, ya que es su propio discurso el que provee el canon que determina su verdad.

Al eximir de la justicia científica a la narrativa y verdad emocional de Freud, al no importar si su terapéutica es efectiva o no, le fue fácil a Foucault calificar a la crítica de las ciencias como una sobre-reacción al estatus cultural privilegiado de Freud.

Luego, la ola post-estructuralista califica de "cultura" los textos de Freud, y le concede carácter universal a sus doctrinas, cual si fuesen leyes imperecederas de la naturaleza. Aunque en realidad se basó en Nietzsche, como el drama de Edipo, la dividida sexualidad a partir de la impotencia, se confirman en la imaginación literaria del período moderno, la que ha endosado a ciegas las prioridades patriarcales en las ideas de Freud.

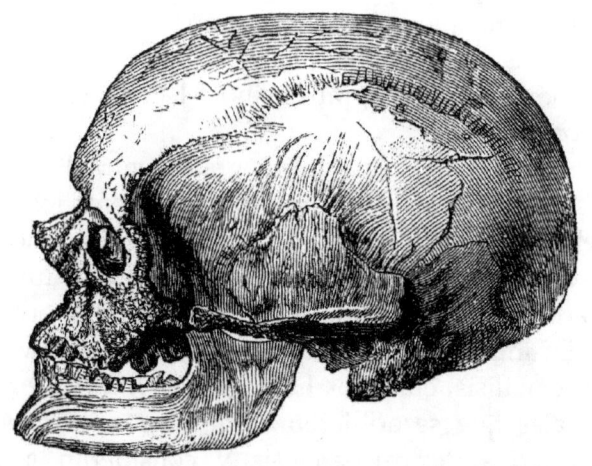

Craneo de Cromañón

El Neandertal

1. Geospiza magnirostris   2. Geospiza fortis
3. Geospiza parvula   4. Certhidea olivacea

Pinzones de las islas Galápagos

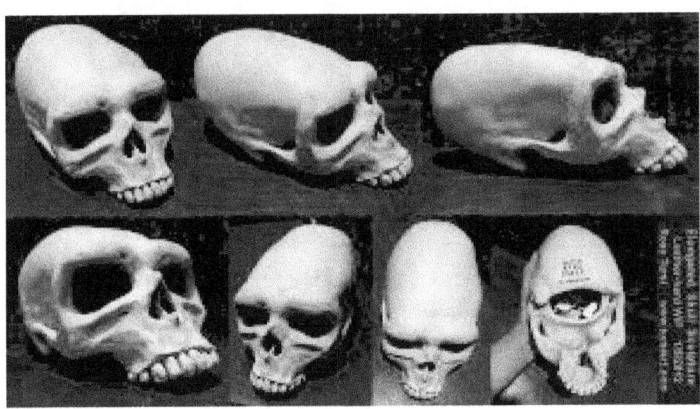

Otros tipos de humanos

Piedra del Sol

3

El catastrofismo

Desde el siglo decimonónico, dos sistemas de enfocar los eventos evolutivos del planeta han estado evaluándose; por un lado, los defensores de la tendencia catastrófica, que señalan lo decisivo de los cambios súbitos, y, por otro, los evolucionistas, mayormente geólogos afiliados al darwinismo, que todo lo interpretan como una manipulación gradual de la naturaleza.

Los evolucionistas consideran que los cambios que han tenido lugar en el planeta son generados de forma lenta e imperceptible, como un proceso continuo y uniforme, donde el eje cardinal descansa en el desplazamiento de las placas tectónicas de la corteza terrestre, la erosión o las mutaciones biológicas infinitesimales.

Así, se asumió erróneamente que nuestro entorno natural era invariable, que vivíamos en un cuerpo celeste rígido, seguro e imperecedero; donde la superficie terrestre y los océanos eran cuerpos líquidos y sólidos eternos.

En 1882, el naturalista O. Fisher intentó dar cuenta de la "hasta ahora inexplicable distribución de la tierra y el agua sobre la superficie del globo". Basándose en la teoría de Darwin, Fisher sugirió que una súbita ruptura de la corteza terrestre puso en órbita una gran cantidad de costra gran (tica para formar la Luna.

Por ello comenta lo siguiente, "las cuencas oceánicas son la cicatriz que darán testimonio del lugar de la separación (...) Lo que quedó de la corteza granítica estarla, por tanto, roto en fragmentos, que ahora son los continentes. Esto haría que el Atlántico fuera una gran desgarradura, y explica el paralelismo existente entre los contornos de América y el Viejo Mundo.[1]

Algunas hipótesis tempranas sugirieron que podía haberse producido un desplazamiento horizontal de los continentes en gran escala. Estos primeros ataques a la generalización teórica básica del uniformismo no tuvieron éxito por varias razones. Primeramente, casi todas las primeras hipótesis de la deriva continental implicaban la existencia de una fuerza catastrófica que pudiera separar los continentes.

Como la idea de un cambio catastrófico estaba impugnada por la gran mayoría de los historiadores y geólogos, fue difícil encontrar apoyo para esta hipótesis de trabajo en el propuesto paradigma uniformista. La suposición de un fondo oceánico permanente fue aceptada de forma incuestionable por muchos geólogos como una verdad demostrada[2].

Tan importante como el evolucionismo darwinista es el catastrofismo que periódicamente ha enfrentado nuestro planeta, como las extinciones masivas –el león cavernario y el tigre dientes de sables–, que dejaron nichos vacíos para ser ocupados por otras especies. De igual forma pueden señalarse los procesos casuísticos que, repentinamente, posibilitan opciones desconocidas a ciertas especies insignificantes, como sucedió con los mamíferos tras la extinción de los dinosaurios. Así también aparecen nuevas especies, debido al llamado equilibrio punteado.

Los "catastrofistas" a los cuales se refería Adolf Huxley se planteaban entonces como enemigos de los llamados "uniformistas". Estos últimos sostenían que el origen de la Tierra y la vida era el resultado de un larguísimo proceso que sólo podía considerarse en lapsos de millones de años, algo inconcebible para la época.

Los "uniformistas" fueron considerados como los fundadores de la geología moderna -en particular Charles Lyell y su antecesor James Hutton- y ejercieron una influencia decisiva en los trabajos posteriores de Darwin[3]. Pero la cronología de los fósiles no ha respaldado al evolucionismo humano, pues la morfología de las especies persiste por largos períodos hasta su descontinuación.

¿Cómo se explica la actual cohabitación de los organismos primitivos con especies superiores, o los ejemplos de involución biológica, como los bacteriófagos[4] u otros parásitos?

O el caso de los insectos carentes de un sistema nervioso superior, que no les ha impedido ser los más exitosamente adaptados a este planeta, mucho más que el humano, al punto de dominar su fauna, tanto en número, en especie e, incluso, en biomasa.

Las mutaciones se producen por imponderables, cuando tienen lugar las extinciones masivas de especies por catástrofes naturales como las del Devónico y las del Jurásico[4]; y no prevalecen engranajes genéticos comunes que dirijan tales cambios de modo gradual. El cruzamiento entre las especies es mucho más trascendental que las mutaciones, al gestar, incluso, especímenes mucho más complejos. Es sorprendente, sin embargo, que la simbio-génesis no sea admitida como un engranaje evolutivo.

Otra tesis postula lo siguiente[6]: "Una posibilidad considerada por John Cairns y colaboradores, es la producción de múltiples copias no idénticas de MARN por un mismo gen, bajo condiciones de estrés. Cada una de ellas originaría una enzima distinta, y si la célula poseyera la capacidad de medir la eficacia de sus productos y de copiar en inversa sobre el genoma, solo aquella versión que produjera la mejor proteína, aceleraría precisamente las mutaciones útiles en la solución de su problema fisiológico.

Un mecanismo como el descrito conferiría una ventaja adaptativa a los organismos que lo poseyeran, frente a aquellos que sólo mutaran aleatoriamente. Este caso contradice, según dijimos, una de las hipótesis básicas en la teoría de evolución de Darwin, y reintroduce el lamarckismo en la biología; permitiendo el flujo de información del ambiente al genoma.

Por otra parte, la inteligencia no resulta la cualidad esencial para la subsistencia. En la epopeya planetaria la inteligencia no ha implicado, necesariamente, disponer de una mayor capacidad de adaptación, como demuestran el estúpido tiburón, el cocodrilo o el manatí, que se han perpetuado intactos por millones de años.

El paradigma explicativo es la manutención de la especie como lo concibieron Lamarck y Darwin; la multiplicación de las pequeñas especies de animales es tan considerable que ellas harían inhabitable a nuestro planeta para las demás, si la naturaleza no hubiese opuesto un término a tal reproducción.

Pero al servir de presa a una multitud de otros animales, y como la duración de su vida limitada, su cantidad se mantiene siempre en justas proporciones para la conservación de las otras especies.

En cuanto a los animales más grandes y más fuertes, en el caso de resultar dominantes y perjudicar a la conservación de otras muchas razas, de multiplicarse en grandes proporciones. Pero estas se devoran entre sí y solo se multiplican con lentitud y en corto número, y ello conserva el tipo de equilibrio que debe existir.

Por último, solo el humano separado de todo lo que le es particular, se multiplica de manera geométrica, indefinida, porque su inteligencia y sus medios le colocan al abrigo de ver su expansión limitada por la voracidad de cualquier otro animal.

Pero la naturaleza ofrece un gran obstáculo a la multiplicación de los individuos de su especie, pues el humano se ha encargado por sí mismo desde su aparición, de reducir sin cesar el número de semejantes suyos. Nunca, pues, la tierra estará cubierta de la población que podría alimentar.

Los cataclismos

Con Anaximandro y Aristóteles, en la Grecia clásica, se inaugura la hipótesis evolucionista. El físico escocés James Hutton[7] suplantando el catastrofismo por los cambios graduales fue el propulsor del *dictum* de lo observable en el presente, resulta la clave del pasado.

Pero la expansión del pensamiento uniformista que dominó las ciencias naturales se debe a la intromisión de la revolución francesa y a la era napoleónica

Por otra parte, Charles Lyell consideraba a la Tierra como un mundo estático, una maquinaria movida por su propia energía, la cual se había enfriado gradualmente; donde los episodios de los océanos y la atmósfera estaban condicionados al calor solar.

Lyell trató de rebatir la causal catastrófica como mecanismo para la formación de montañas y valles desarrollada por Léonce Elie de Beaumont[9], presentando la regularidad geológica como el factor definitivo de los cambios planetarios.

Lyell juzgó que la vida era una fluctuación contínua de poblaciones vivientes que expandían o contraían sus fronteras en la medida que los agentes geológicos alteraban la topografía y el clima local; así pensó desterrar lo catastrófico de la historia. Pero al igual que Darwin conocía de la extinción inmensa acaecida a fines del

Mesozoico. Lyell no pudo rechazar la noción de una superficie terrestre sujeta a cambios violentos y súbitos.

Charless Lyell había tropezado con este evento cuando verificaba las observaciones de Cuvier; a pesar del cúmulo de evidencias en favor de una aniquilación global en la frontera del Cretáceo con el Terciario hace 65 millones de años, lo que se conoce como el K/T. Sin embargo, Cuvier postuló que tal perecimiento de especies no sucedió abruptamente, sino que existía una ausencia de datos geológicos sobre esa transición[11].

Así, entre 1826 y 1829 logró cimentar suficiente confianza en su propuesta como para avanzarla a manera de una metodología llevándola a establecer las bases de sus *Principles of Geology*[10].

Según Bartholomew, Lyell escribió a Murchison en 1828 declarando su convicción de que "ninguna otra causa ha actuado desde los tiempos más primitivos a los que podemos alcanzar hasta el presente, sino sólo aquellas que están ahora actuando" y dando una nueva dimensión de su convicción añadía que estas causas "jamás actúan con diferentes grados de energía de la que ahora ejercen".

Darwin se vería disuadido por el gradualismo de Hutton y el rechazo al catastrofismo en la historia del planeta que desarrolla Lyell, en especial su interpretación de los acontecimientos que separaron al Cretáceo del Terciario. Al adoptar el paradigma de Lyell referente a la marcha lenta y sistemática de los cambios geológicos, en *El Origen de la Especies*, Darwin enfatizó que la naturaleza no contemplaba los cambios abruptos, sino que enfrentaba un proceso de elección natural y adaptación morfológica.

Los catastrofistas veían cómo las discontinuidades tan evidentes encontradas en los registros geológicos y paleontológicos se formaron por cambios en la naturaleza, los cuales fueron demasiado violentos para ser explicados sólo mediante los procesos físico-químicos naturales que operan sobre la superficie de la Tierra. Por

100

otra parte, sus opositores, los uniformistas creían que los procesos de erosión y depósito que pueden observarse operando en la superficie de la Tierra, habían actuado de manera muy similar en el pasado geológico[12].

Charles Darwin postuló que la destrucción del hábitat de las especies tenía lugar por la evolución de la interacción biótica, por la selección natural o la incapacidad para competir favorablemente en la contienda de la vida. Mucho antes que Darwin tanto Herbert Spencer como Alfred R. Wallace ya habían debatido el evolucionismo biológico y la selección natural.

Por eso Darwin no ofreció los principios del evolucionismo sino los del mecanismo de selección natural que, en esencia, resultaba una adaptación a la biología de las consideraciones del economista inglés Thomas R. Malthus respecto al crecimiento de las poblaciones humanas por encima de sus medios de subsistencia.

Darwin basó su teoría en las variaciones de los animales domésticos, las similitudes anatómicas y los anales geológicos. Si bien el cruzamiento introduciría variaciones morfológicas en las razas sin embargo ello no crearía nuevas especies, al no existir los necesarios eslabones intermediarios intra-especies. Si bien la selección natural puede destruir la especie no adaptable no es capaz es incapaz de procrearlas[13].

El gradualismo de Darwin no reflexionó que, en su mayoría, las especies tienden a permanecer estables por largo tiempo, pero que sus mutaciones drásticas tienen lugar de forma relativamente rápida.

Darwin, por su parte, en sus estudios sobre los problemas relacionados con las corrientes generadas en un esferoide viscoso le brindó también un apoyo completo a esta hipótesis ortodoxa uniformista.

Darwin sugirió que[14] "esta clase de movimiento actuando sobre una masa que no es perfectamente homogénea levantaría en la superficie pliegues que se moverían en direcciones perpendiculares al eje de mayor presión. En el caso de la Tierra los pliegues se producirían al norte y al sur del ecuador y se dirigirían hacia el este en las latitudes septentrionales y meridionales (...) La configuración general de los continentes (los grandes pliegues) en la superficie de la Tierra me parece notable cuando se considera en conexión con estos resultados. Puede haber pocas dudas de que; en conjunto, las montañas más altas son ecuatoriales y de que la tendencia general en los grandes continentes es norte y sur en aquellas regiones (...)

Y sigue[15]: "Pero si esta causa fue la que principalmente determinó la dirección de las desigualdades terrestres, entonces debemos mantener que la posición general de los continentes ha sido siempre como ahora, y que, después de formarse los pliegues, la superficie adquirió una rigidez considerable, de forma que las desigualdades no podían experimentar subsidencia durante el ajuste continuo hacia la forma de equilibrio de la Tierra, adaptada en cada período. Respecto a este punto vale la pena señalar que muchos geólogos son de la opinión que los grandes continentes han estado siempre más o menos en sus actuales posiciones."

Si bien la experiencia práctica de Charles Darwin se circunscribió al Hemisferio Sur y entre otros enigmas no se explicaba cómo los caballos habían desaparecido del continente americano, admitiendo también su incapacidad para explicar la extinción de un animal tan bien adaptado como el mamut.

Al enfrentarse en la América del Sur a los fósiles de enormes cuadrúpedos apuntó lo difícil de rechazar la destrucción catastrófica de numerosas especies de animales en ambos lados del planeta, tanto en latitudes tropicales como en árticas[16].

Aparte de Darwin, Henry Fairfield Osborn enfatizaría que la actual continuidad en la materia inanimada o animada, implicaba lo improbable de un pasado catastrófico y violento. Tanto las erróneas ideas de Laplace

102

concernientes a la eterna estabilidad del Sistema Solar, heredadas del ordenado universo newtoniano, y las de Lamarck, de una evolución armónica y lineal de la vida, se transformaron en el fundamento de las ciencias del siglo XIX y del XX.

Por más de un siglo, la base en la que se desarrollaron los estudios paleontológicos y biológicos fue la preconcepción no cataclísmica del evolucionismo gradual, la uniformidad substantiva en la historia de la Tierra, canonizado como filosofía general por la ignorancia y autosuficiencia de las ciencias del período victoriano, apuntalados por el uniformismo de James Hutton y abrazado por Charles Lyell y Darwin. Así, la teoría uniformista se introdujo en todos los rincones de la enseñanza superior y su cuestionamiento ha sido tildado de herejía.

Estas reminiscencias de los paradigmas evolucionistas aún se mantienen en el grueso de los paleontólogos y de los biólogos que, si bien aceptan en ciertos momentos los cambios precipitados en los patrones orgánicos, como en los fines de la era Pérmica y Cretácea, desdeñan la influencia exógena en la Tierra, la de los impactos extraterrestres, o la del vulcanismo.

La premisa de Charles Lyell, Charles Darwin y sus seguidores neo-darwinistas, sobre la especiación o extinción por selección natural fue una consideración basada en la creencia o la fe más que una conclusión dictada por las evidencias históricas. Sin disponer de formas para medir el tiempo geológico, los científicos eran lo suficientemente arrogantes para considerar que no podía suceder lo no observable, olvidando la brevedad de la vida humana comparada con el curso de la historia terrestre, donde la escala entre las inmensas extinciones biológicas excede los millones de años.

Estos dos puntos de vista enfrentados sobre la naturaleza de los procesos geológicos fueron tema de extenso, y a menudo acalorado debate, y los defensores de ambas escuelas citaron evidencias empíricas quedaban soporte a su argumentación[18].

Sin embargo, no puede obviarse el impulso que los estudios geológicos y biológicos imprimieron en el triunfo del pensamiento uniformista y el darwinismo en el siglo pasado. Asimismo, el uniformismo de Lyell y el evolucionismo de Darwin concedieron herramientas importantes para las investigaciones.

Las anomalías planetarias

Anterior a Darwin la teoría catastrófica en la geofísica planetaria se hallaba extendida, pues era la única capaz de explicar expresiones formativas de mayor intensidad que la existente en el mundo circundante actual; aunque tales causales sólo actuasen en raras ocasiones.

Para 1742 el científico francés Pierre de Maupertuis propuso que los cometas habían chocado ocasionalmente con la Tierra precipitando cataclismos que alteraron la atmósfera y sus océanos. En 1797, el astrónomo francés Pierre-Simón de Laplace describió cómo la colisión de un meteorito de proporciones anormales podía desencadenar fenómenos capaces de aniquilar la civilización humana y la generalidad de las especies.

Por su parte, Beaumont apuntaba que eran necesarias fuerzas descomunales para formar las enormes cadenas montañosas del planeta, y que la historia geofísica estaba punteada por episodios ocasionales formativos de extrema violencia y largos períodos pacíficos de estabilización.

Con las anomalías observadas por el británico Urbain Jean Joseph Le Verrier en las revoluciones orbitales del planeta Mercurio se iniciaría el desmontaje de la infalibilidad de las leyes universales. A principios de siglo el botánico Hugo de Vries demostró la aparición de

104

especies en forma repentina, a saltos, y la posibilidad de las mutaciones espontáneas por hechos accidentales, especialmente a nivel molecular, en el curso de agitaciones termales, energías de alta radiación y ultravioletas[19] desechando la reflexión darvinista de una progresión lenta a lo largo de generaciones.

Así, en el mundo biológico el darwinismo comenzaría a verse cuestionado por una nueva visión, la de los procesos evolutivos pero iniciados con las catástrofes, que fueron demostradas por los organismos que han sobrevivido a todas las edades geológicas sin haber evolucionado, como son los foraminíferos.

Al gradualismo se añadió el factor de las súbitas extinciones masivas, donde ambos aspectos en discusión lejos de ser discordantes discordantes han estado unidos en todo el proceso formativo del plantea y de la vida. Este hecho no objeta los coeficientes de selección y mutación.

Citamos el caso de Leigh Van Valen que rechaza ambas teorías, la del gradualismo y el catastrofismo, un grupo selecto de científicos[20] encabezados por el premio Nobel de física Luis Álvarez y el geólogo Walter Álvarez, vienen martilleando sobre el tema del catastrofismo, expresando que las extinciones masivas han sido más frecuentes, intensas y diferentes de lo sospechado.

La naturaleza y la duración de las épocas geológicas desdicen la teoría de la uniformidad evolutiva. Es errónea también la noción de una época Terciaria prolongada de 60 millones de años, continuada por una Edad de Hielo de 1 millón de años, y coronada por los últimos 30,000 años de tranquilidad geológica y climática.

Nuestra historia biológica está punteada de períodos pacíficos y dramáticos, por aniquilamientos globales de biomasa y cambios abruptos en la composición biótica; ha sido trastornada por acontecimientos endémicos de carácter espantosos, por la aparición y desaparición abrupta y masiva de especies terrestres y marinas, por la depredación animal, por las plagas y enfermedades, por el hundimiento de civilizaciones y la desaparición de sus culturas y las guerras humanas.

El catastrofismo sería igualmente indispensable para comprender la discontinuidad de biomasas que comparece en períodos claves de los anales del planeta. La emergencia abrupta de muchas especies y formas, a inicios de cada edad geológica, comenzó a variar la concepción estática popularizada por los geólogos, y nos llevó de manos al criterio de un planeta en cambio perpetuo, de los que no existe experiencia en nuestra extremadamente corta civilización histórica.

De acuerdo con el astrónomo norteamericano Tom van Flandern la gran grieta de Marte podría ser el lugar de impacto de una antigua luna; las lunas de Neptuno muestran evidencia de alteración violenta, y como ejemplo de disrupción del Sistema Solar puede mencionarse que Mercurio era originalmente una luna de Venus, que Marte tuvo alguna vez muchas más lunas, y Plutón y su acompañante Caronte son lunas escapadas del planeta Neptuno.

Existen enormes irregularidades matemáticas en las órbitas de los planetas exteriores del Sistema Solar, en particular podemos señalar los extraños bamboleos y las anomalías gravitacionales observadas en las órbitas de Urano, Neptuno y Plutón. Todo indica que se hallan influidos por algún objeto celeste colosal más allá del Sistema Solar.

Otro ejemplo que no tiene explicación es la actual cercanía de la Tierra del Sol, que de haber existido siempre hubiese impedido que nuestro planeta tuviese la cantidad de agua que contiene. Asimismo, la cantidad de sustancias volátiles de la atmósfera, incluyendo el agua, no es posible que se mantuviese si originalmente se hallaba en la actual distancia del Sol.

Tanto Júpiter como Saturno se hallan en un proceso de desarrollo para convertirse en pequeños soles.

La historia geológica

Las masas terrestres más grandes de nuestro planeta se hallan a un solo lado, y los océanos ocupan el resto. Cuando se examina a la Tierra desde gran distancia, uno se percata de hendiduras y partiduras colosales de no existir el agua.

El Universo no es un páramo tranquilo, sino un paraje de violencia, de galaxias en colisión, de estallidos de supernovas y agujeros negros succionadores, de campos magnéticos intimidantes, de radiaciones letales, de explosiones gaseosas brutales, de planetas sometidos a incesantes bombardeos de bólidos.

Además, nuestra historia geológica está marcada por incontables trazas químicas y físicas de este caos cósmico; del impacto de cometas, asteroides u objetos estelares; por las glaciaciones y el desplazamiento de las placas continentales, por la ascenso y disminución de océanos, las violentas fluctuaciones climáticas, las erupciones volcánicas, gigantescos diluvios en diversos períodos. Con todo ello se ha conformado la teoría del catastrofismo en la historia de la Tierra que desde principios del siglo XIX venía planteándose por los paleontólogos.

Los impactos extra-terrestres condicionarían al dínamo magnético terrestre, generarían las cadenas montañosas, suscitarían el desplazamiento de las placas tectónicas y el volcanismo. Mucho de ello ha sido recogido en los mitos, los cantos populares, las religiones y las leyendas de la antigüedad remota.

Las variaciones físicas y los efectos ambientales que imprimen los impactos resultan de tal magnitud que dislocan el equilibrio de todo el sistema en la superficie y la biomasa planetaria, teniendo un desempeño mayor en la determinación de la sobrevivencia que la interacción entre las especies, la cual dependerá de probabilidades y suerte, de que un género en particular, una variedad de organismo o un tipo de hábitat sea susceptible o no a las secuelas letales que desencadena el fenómeno catastrófico.

Tenemos también que la historia climática es una compilación de hechos irracionales los cuales hallan respuesta en los cambios drásticos de la posición del eje terrestre o de su órbita. Los fines de las edades de hielo consistieron en eventos catastróficos no solamente de tipo climáticos o de colosales diluvios sino de actividad ígnea en el interior del planeta.

En diversas ocasiones los continentes y los océanos han cambiado de lugar; tanto la irrupción y el retroceso de los océanos, como la elevación y descenso del fondo marino no siempre fueron graduales, muchos fueron precipitados por eventos catastróficos.

Completando la lista parcial de estos mecanismos catastróficos de nuestro planeta, figuran los cambios en la estabilidad medio-ambiental, la contracción de las ciénagas, los enormes desarreglos en los niveles marinos, la caída dramática del oxígeno oceánico, la reducción de las corrientes de agua dulce y lagos, y los impactos de bólidos extraterrestres.

Los impactos catastróficos y las permutas geo-climáticas repentinas han desempeñado un papel imprevisto en la evolución al brindar el marco por donde se ha movido la flora y la fauna en cada edad geológica. Las amplias demoliciones de la vida animal y las plantas resultan tan corrientes que la extinción de especies y géneros puede considerarse tan inevitable como la muerte de individuos.

Sin embargo, nuestro planeta ha demostrado capacidad infinita para reparar los daños que su biota tolera cada cierto tiempo. Las selvas, bosques y ciénagas se han recuperado de los glaciales, de las inundaciones, de los cataclismos volcánicos y de las devastaciones provocadas por los choques de meteoritos.

Estos bosques tropicales húmedos, la mayor reserva de bio-diversidad terrestre, han emergido en la biografía planetaria sólo de vez en cuando, y ocupando superficies muy limitados, pues tal tipo de hábitat demanda condiciones extremadamente específicas. Las actuales selvas amazónicas, africanas y asiáticas aparecieron hace sólo 50,000 años y durante esa etapa han atravesado varios períodos de aridez, contrayéndose a porciones triviales.

Algunas de las extinciones han coincidido con los cambios en el medio ambiente, pero otras han tenido una secuela limitada en la sobrevivencia de las especies. Estas breves pero profundas contracciones en el orden de la vida, no han sido muy numerosas, pero han dominado el escenario evolutivo; han sido sucedidas por recuperaciones y nuevos florecimientos de formas y especies diferentes donde a veces la vida ha bordeado el colapso y reducido su diversidad y abundancia

El hecho de que en nuestra civilización iniciada hace unos 10,000 años, no se ha escenificado una catástrofe colosal que invierta todo lo existente, es sólo un índice de su brevedad.

Las extinciones, masivas o limitadas, no han sido análogas; muchas sucedieron de forma abrupta y otras de manera gradual; un número de ellas han sido totalmente arbitrarias, trastornando solamente una taxia particular, como sucedió con los dinosaurios en el Cretáceo, mientras otras daban cuenta de casi todas las especies existentes dejando a las sobrevivientes el terreno vacío, como los mamíferos en el Terciario.

Está aceptado que en largos períodos de calma cada especie busca la adaptación en el medio que tienen, para sacar partido de su nicho ecológico y prevalecer sobre sus competidores; pero también las muestras fósiles indican que el ritmo de la evolución se enlentece en estas fases prolongadas de inamovilidad geo-climática.

Irónicamente, el logro de la hegemonía por parte de ciertas especies en una época determinada, casi siempre tiene lugar después del eclipse de sus competidores más dotados e inteligentes, como acaece con la evaporación de los hábiles, poderosos e inteligentes saurios del Jurásico suplantados por los torpes y diminutos mamíferos; o la desaparición del Homo de Neándertal, con mayor capacidad craneal que el Cromañón y el humano contemporáneo.

Pero, más que una lucha sin cuartel por la sobrevivencia, la evolución es, en realidad, la ocupación de los nichos ecológicos vacíos mayoritariamente por medios no violentos, de forma imprevista, y en la medida que se van propiciando tales posibilidades.

El desplazamiento de las especies de sus nichos concede oportunidades inesperadas para los sobrevivientes que constatan una explosión en su ritmo evolutivo, como sucede luego del Pérmico o del Cretáceo cuando especímenes terrestres, acuáticos y aéreos, anteriormente arrinconados e insignificantes logran difundirse en los espacios vacíos.

Una evolución ausente de extinciones nos hubiera planteado obstáculos serios como la sobre-saturación del espacio vital. No podemos desdeñar que en otros rincones del Universo se hallan desenvuelto los sistemas evolutivos de vida sin extinciones. Ninguna especie compleja ha existido por más de una fracción de la historia planetaria.

A pesar de que nos parece elevada la actual bio-diversidad planetaria, sólo quedan unas 40 millones de especies animales y vegetales, comparadas con los 50 billones que se extinguieron; en otras palabras, sólo una de cada mil especies que han poblado el planeta, un panorama insólito del 99.9% de fracasos.

Las especies actuales son un remanente irrisorio de las colosales agrupaciones que una vez fueron partes preponderantes del mecanismo biótico global, que fenecieron brutalmente sin haber exhibido una evolución errónea, pues su única evidencia de inferioridad ha sido la propia extinción.

El cosmos y el planeta

Los programas espaciales y el rastreo de la Luna y otros cuerpos vecinos, así como del cosmos han alterado la percepción de la Tierra como un mundo auto-suficiente, por el de uno encadenado e integrado a una mecánica formativa y destructiva inherente a todo el Sistema Solar y el Universo.

La formación del Sistema Solar, sin dudas no resultó por un transcurso evolutivo, sino un proceso catastrófico de inicio a fin, donde una serie de fenómenos como la hecatombe de estrellas masivas, el estallido de Supernovas en el espacio interestelar conjuraron su formación, la de su sistema, la biosfera terrestre, las especies vivientes y el desarrollo homínido.

Sabemos cuánto de nuestra actual existencia terrestre depende del buen comportamiento del cosmos; el Sol tenía que ser una estrella tranquila; pero a la vez ejerce una influencia caótica sobre nuestro planeta. Se sospecha que los ciclos en la actividad solar que en la actualidad duran 13 y 26 años, provocan severas sequías o inviernos más crudos, así como otros trastornos climáticos, induciendo a deformaciones tales como las edades de hielo.

Otro de los efectos sobre nuestro planeta es el choque del viento solar contra el campo magnético terrestre lo cual desata potentes tormentas eléctricas.

Las oscilaciones verticales del Sol que ocurren periódicamente en las etapas cuando atraviesa colosales nubes de polvo interestelar con todo su sistema trastornando a los cometas del cinturón de Oort[21]. Este fenómeno concuerda con la periodicidad de las reversiones en la polaridad del campo magnético terrestre cada 26-30 millones de años, más o menos.

No es una quimera la posibilidad de un cambio en la mecánica celeste del Sistema Solar, si en su actual penetración en el brazo de polvo y gases de Orión, tropezara con la sección densa, cuya fricción frenaría nuestra órbita planetaria alrededor del Sol, elevando las condiciones térmicas en la superficie a niveles insoportables para las especies vivientes.

Cada 100 a 150 millones de años el Sol atraviesa uno de los brazos espirales de la Vía Láctea, deambulando por el mismo unos 10 millones de años, con un alto porcentaje de que se aproxime peligrosamente a alguna supernova, desarticulando la mecánica del sistema solar y afectando la vida biológica planetaria.

También, los días del Sol como estrella están contados y con él todo su sistema de planetas, planetoides, asteroides y cometas; su posterior evolución hacia una gigante roja provocará radiaciones ultravioletas letales en casi todos los planetas, y la Tierra escenificará el efecto de invernáculo que hoy afecta a Venus, desapareciendo casi toda la vida animal y vegetal en sus formas actuales.

Asimismo, se especula con una monstruosa explosión en cadena en el centro de la Vía Láctea, inducida acaso por la controvertible anti-materia galáctica, que incitaría un diluvio radioactivo de rayos-X y otros rayos cósmicos, fatales para la vida. Esta visión no es excepcional en el Universo; pues se han fotografiado detonaciones de núcleos galácticos en el Cúmulo de Virgo, a 40 millones de años-luz.

Sobre la formación de la Luna y la realidad de un sistema binario Tierra-Luna existen evidencias que apuntan a un impacto de dimensiones considerables en el período formativo de nuestro planeta, cuando circundaba peligrosamente nuestra vecindad un número crecido de cuerpos celestes, algunos tan voluminosos como Marte.

Asimismo, está demostrado que los impactos de bólidos extraterrestres resultaron un proceso importante en la formación planetaria, y que los mismos pueden dar explicación desde la composición de Mercurio hasta la alteración extraña de la órbita de Urano.

112

Este encontronazo desprendió trozos considerables del manto y de la corteza primicial basáltica terrestre, de los cuales se conformó la Luna. Además, imprimió la extraña rotación que presenta la Tierra, fijando a su vez la inclinación de su eje en extremo pronunciada. La energía cinética provocada por este hecho brutal fue suficiente para derretir al sólido planeta precipitando la formación de un núcleo central denso.

Asimismo, se ha especulado con la posible dislocación del actual sistema Tierra-Luna, con resultados letales para nuestro planeta. No debe olvidarse que hace unos 4,000 millones de años la Luna se hallaba a la distancia crítica de 16,000 kilómetros, provocando que la rotación de la Tierra fuese cinco veces más rápida que la actual.

Hoy día la Luna se está acercando nuevamente, de forma lenta; pero de hacerlo con más rapidez, llegando a la llamada distancia crítica, provocaría mareas oceánicas que arrasarían las islas y los continentes, ocasionando mareas rocosas y desgarraduras colosales en la corteza y proliferando los sismos y los volcanes.

Esta fricción frenaría abruptamente, casi totalmente la rotación de nuestro planeta que perdería su momento angular traspasándolo a la Luna. Entonces, la Tierra, al igual que Mercurio, presentaría siempre una cara al Sol, la cual padecería de un calor infrahumano, mientras la otra al permanecer oculta se enfriaría de tal manera que no sería apta a la vida. Finalmente, la Luna estallaría en pedazos por la fuerza gravitacional de la masa terrestre, aunque ya para ese momento, la vida habría desaparecido.

Por largo tiempo se asumió erróneamente que los impactos de meteoritos en nuestro planeta se confinaban a su período formativo, previo a la comparecencia de la vida, hace 3-4 billones de años, y desconectados de las extinciones masivas periódicas. Por ello, cráteres reconocibles, como el de Arizona, no eran considerados de interés para la historia evolutiva planetaria.

Antes de la edad espacial los científicos afirmaban que los cráteres lunares respondían a erupciones volcánicas, pero las misiones Apolo comprobaron que este era un fenómeno producido por impactos de meteoros, cometas y planetoides, común para todos los cuerpos planetarios del sistema solar, incluyendo al nuestro.

Los bólidos extra-terrestres

Con la evidencia indiscutible del gigantesco impacto responsable de la destrucción del hábitat planetario a fines del Cretáceo, se ha concedido mayor crédito a la visión catastrófica, admitiéndose que nuestro planeta ha estado sujeto a mecanismos de aniquilaciones colosales en toda su historia, fruto de estos impactos periódicos los cuales no sólo han devastado las especies existentes, como los dinosaurios hace 65 millones de años, sino que han estado a punto de hacer saltar en pedazos la Tierra.

El paso de los cometas usualmente deja una estela de polvo y materia, muchos de los cuales son atravesadas por nuestro planeta, provocando la famosa lluvia de meteoros. Los meteoros usualmente son de un microgramo y un miligramo, una mota de polvo no mayor a un grano de sal, pero cuando penetran en la atmósfera terrestre se incendian totalmente y pueden ser vistos a 150 kilómetros de distancia.

El Cinturón de Asteroides, ubicado entre los planetas Marte y Júpiter, está considerado como una de estas corrientes que pueblan todo el Sistema Solar; estos enjambres de asteroides son resultado natural del impacto de cometas gigantes de composición heterogénea, provenientes de la nube trans-plutoniana de Oort, los cuales son desviados y desintegrados por Júpiter o por la intervención de los campos de radiación solar.

La mayor parte de la superficie del planeta se halla bajo los océanos, donde los cráteres no son reconocibles; por otra parte, los suelos marinos del Cretáceo han sido destruidos por el desplazamiento de las placas tectónicas.

Pero cuatro billones de años de cataclismos tectónicos y considerables desplazamientos de las placas terrestres han borrado este escenario inicial, que sin embargo aún resulta visible en Mercurio, Marte y la Luna.

El estudio de los impactos en la Luna y otros planetas, junto a la evidencia acumulada, además del bombardeo cometario sobre Júpiter en 1994, han arrojado que en muchos casos una pareja de tales meteoros gigantescos, orbitando entre sí, chocan con los cuerpos celestes.

Nuestro planeta se halla sometida a un bombardeo contínuo de material cósmico; sobre él cae una constante capa de polvo procedente de los meteoros, que suma más de un centenar de meteoritos anuales de pocas libras; somos víctimas de varios bólidos de pocos kilómetros cada un millón de años y objetos de 10 kilómetros o más cada ciento de millones de años.

La Tierra presenta grandes impactos de meteoritos, indicando que un número elevadísimo de bólidos extra-terrestres han chocado con ella. Por ser un objetivo celeste más denso y voluminoso y disponer de mayor atracción, sufrió una cantidad mayor de choques que la Luna; los cráteres lunares, unos 35 de ellos con más de 300 kilómetros de diámetro, proveen una idea del tamaño de algunos de estos proyectiles.

Más de un centenar de impactos han sido identificados, y con ellos los cálculos sobre su frecuencia, que para nuestra preocupación han sido sustanciales. Entre 15 ó 20 de tales cataclismos, debieron ser monumentales, configurando cráteres superiores a 2,500 kilómetros de diámetro, con dramáticas consecuencias geológicas, vaporizando gran cantidad del agua planetaria que por otra parte ayudaría a establecer la atmósfera.

Existen abundantes ejemplos de que en los primeros 500 millones de años la corteza primitiva basáltica de la Tierra, que flotaba en un manto licuado, fue sometida a un intenso bombardeo de bólidos extraterrestres, que provocó el cambio de su composición.

Las fuertes evidencias que apuntan a la comparecencia de los organismos hace 3,800 millones de años, coinciden con el fin del primer ciclo de bombardeos extraterrestres, sólo 200 millones de años después; y estas colisiones se hallan correlacionadas con la frecuencia de las actividades tectónicas y volcánicas.

Alrededor de 11 cráteres mayores de 32 kilómetros han sido descubiertos en el período pos-cámbrico. Un fragmento de meteorito produjo el cráter de Sudbury en Ontario, que sobrepasa los 100 km. de diámetro, hace 1,800 millones de años; este objeto estelar se componía fundamentalmente de níquel y en menor medida de hierro, platino, iridio y cobalto. Este evento desencadenó una extinción masiva superior a las que se recogen en los restos fósiles.

No es accidental que el trayecto de uno a otro de los períodos geológicos conocidos esté siempre marcado por estas aniquilaciones masivas, visibles especialmente en las eras del Fanerozoico (Paleozoica, Mesozoica y Cenozoica); y en las etapas que se subdividen cada una de estas temporadas geológicas también se hallan punteadas por extinción menores.

Existen evidencias de 15 extinciones masivas desde por lo menos hace 570 millones de años, cinco de ellas de dimensiones colosales: a fines del Ordoviciano y del Devónico, en la conclusión del Pérmico, del Triásico y del Cretáceo; además de ellas, se han registrado igualmente otras de menor propagación, espaciadas a lo largo de cada época; algunos de los retablos de extinción no fueron de manera súbita.

De estas cinco grandes extinciones, tres de ellas se hallan asociadas con grandes cráteres: la de fines del

116

Devónico con el cráter se Silján en Suecia de 52 kilómetros de diámetro y el de Charlevoix en Quebec de 46 kilómetros de diámetro formado hace 290 millones de años; la del Triásico-Jurásico con el cráter de Manicouagan, en Quebec, de 100 kilómetros de diámetro, y la extinción del Triásico-Terciario con el cráter de Manson, en Iowa, de 32 kilómetros de diámetro.

A su vez algunas pequeñas extinciones coinciden con las edades de los cráteres; el enorme de Popigai de 100 kilómetros de diámetro, hace 35 millones de años, concuerda con la extinción de fines del Eoceno; también los cráteres de Clearwater en Quebec, de 32 y 22 kilómetros de diámetro, formados hace 290 millones de años coinciden perfectamente con la extinción del período Carbonífero.

El cráter de Ries en Alemania de 24 kilómetros de diámetro y el vecino cráter de Steinheim, datan en 14 millones de años, y coinciden con el evento de extinción de mediados del Mioceno.

Entre otros cráteres causados por bólidos extraterrestres figuran el de Acramán, en Australia; el cráter de los Mapaches en Arizona se produjo por un meteorito de 250 millones de toneladas, hace sólo 50,000 años; el de Kazajistán posee 650 kilómetros de diámetro y 10 kilómetros de profundidad, equivalente al territorio de Francia. En medio de Nebraska existe un cráter de una milla de ancho, creado por un impacto tan reciente como hace 3,000 años.

Hay constancias de que el ritmo de los bombardeos meteoritos que enfrenta el planeta, se ha incrementado desde hace 600 millones de años.

En el año 687 a. C., el filósofo chino Confucio describió una lluvia de meteoros hacia la dirección de la Constelación de Perseo. Uno de los fenómenos de este tipo más intensos resulta la lluvia de meteoritos llamados Leónidas, que se repiten anualmente y se localizan hacia la Constelación de Leo.

Cada cierto número de años el sistema Luna-Tierra penetra en una nube de millones de fragmentos de cometas y meteoros de la órbita joviana, conocida como Táurida, en el Hemisferio Sur, y es el más vasto de los ríos de meteoros que se conozcan; se estima que estos meteoros de Táurida proceden de un voluminoso cometa que se desintegró hace 5,000 años al aproximarse a Júpiter.

En 1186, un bólido procedente de este flujo de restos materiales produjo en la Luna el cráter bautizado como Giordano Bruno. En diciembre de 1807, una enorme bola de fuego atravesó el cielo a lo largo de New England, despedazándose y chocando con la Tierra cerca del pueblo de Weston en Connecticut.

Se han observado tales fragmentaciones de cometas, como el Biela en 1852, que se quebró en cuatro partes; asimismo, han atravesado nuestro espacio circundante, peligrosamente cercanos, los cometas Brorsen en 1879, el Westphal en 1913 y el cometa Neujmin en 1927.

En 1908 se escenificó una explosión horripilante en la zona siberiana del río Tunguska, barriendo toda la flora y fauna existente en un cuadrado de 2,600 kilómetros. Este fenómeno ha quedado clasificado como el choque más reciente provocado por un meteorito enorme y que liberó energías equivalentes a una bomba de hidrógeno, pudiéndose observar el halo de luz tan lejos como en Europa, incluso en Inglaterra.

En 1937, el planetoide Hermes de 700 metros de diámetro, pasó por la arriesgada distancia de 365,000 kilómetros de la Tierra; Hermes resulta una amenaza constante pues un encuentro con el mismo aniquilaría todo vestigio de vida orgánica, e incluso podría dislocar al planeta de su órbita. En 1946, el pequeño cometa Giacobini-Zinner pasó a 131,000 millas del punto donde la Tierra había estado 8 días antes.

En marzo de 1989, un asteroide de un tercio de kilómetro de diámetro cruzó un poco más allá de la órbita lunar, y sólo fue localizado después que pasó cerca de la

Tierra; de haberse abalanzado hacia nuestro planeta, el mismo se hubiera localizado en el último momento. Los objetos fragmentarios que chocaron con Júpiter en julio de 1994, se hallaban en su órbita y resultaban los restos de una de sus pequeñas lunas.

A partir del proyecto espacial Apolo norteamericano, se descubrieron cuerpos cometarios y asteroides que se cruzan peligrosamente con nuestra órbita. Se han identificado alrededor de 2,000 de estos objetos, entre material cometario y de asteroides errantes, superior a 1.5 kilómetros que intersectan nuestro planeta, los mayores son los Apolo y los restos de cometas.

Entre los bólidos más temibles figuran Eros con 18 kilómetros de diámetro, Amor y Apolo de 3 kilómetros de diámetro cada uno, Adonis e Ícaro con 2 kilómetros cada uno, y Alberto. El observatorio norteamericano de Kitt Peak encontró evidencias de un nuevo cinturón de asteroides compuesto de una docena de pequeños asteroides de 50 yardas promedio, el cual se halla en nuestra misma órbita solar.

Se ha descubierto sólo un 5% de los grandes asteroides que cruzan nuestra órbita. El resto, el 95% aún no está localizado; de producirse un choque con cualquiera de ellos que sufriese una alteración de su órbita, no tendremos tiempo suficiente para tomar medidas.

Las extinciones masivas

Así, ya es una hipótesis marginal la noción de las colisiones con bólidos extra-terrestres, y se considera como el proceso preponderante en la formación de la superficie terrestre. La proporción de extinciones con cráteres es tan elevada que ha cobrado fuerza la hipótesis de que cada extinción masiva fue causada por una lluvia concentrada de objetos de grandes dimensiones.

De la misma manera, está dentro de las probabilidades la inquietante contingencia de que enfrentemos una catástrofe cósmica, como el encuentro con un cuerpo celeste de proporciones, como un asteroide o planetoide del cinturón trans-marciano, o con alguno de los cometas que penetran anualmente en el Sistema Solar; hecho que sin dudas aniquilaría parte de nuestra civilización y entronizaría cambios climáticos imprevisibles.

Hace 4,000 millones de años atrás tuvo lugar una colisión descomunal entre nuestro planeta y otro cuerpo celeste del tamaño de Marte, que a todas luces provocó la actual rotación rápida de la Tierra sobre su eje. Esta era Proterozoica finalizó con una catástrofe masiva atribuida a un impacto extra-terrestre.

Al considerar que desde hace 250 millones de años los últimos pulsos de extinciones masivas se han producido cronométricamente, cada 26,000 años como demostró Jack Sepkoski, ha generalizado la hipótesis de nuestro Sistema Solar como un sistema binario de estrellas, como es la generalidad en el Universo. La compañera de nuestro sol sería una pequeña estrella roja, no muy visible, y que algunos han bautizado con el nombre de Némesis, ubicándola en una órbita solar de 26,000 años, que la acercaría a los bordes exteriores de nuestro Sistema Solar.

En su momento de mayor contigüidad esta fricción gravitacional provocaría perturbaciones en la nube de cometas trans-plutonianos induciendo su precipitación masiva al círculo solar interno y sometiendo entre otros a nuestro planeta a un bombardeo inmisericorde por un período de un par de millones de años, lo que provocaría la extinción masiva de todas las especies, las alteraciones geo-tectónicas y las profundas variaciones climáticas.

Otra hipótesis sobre los mecanismos de extinción masivos es la referente a un supuesto décimo planeta trans-plutoniano, llamado el Planeta X, cuya órbita altamente excéntrica también afectaron la banda de cometas sujetos a Neptuno, cada 26 mil años, suscitando una lluvia de cometas por un largo período de duración.

En 1984, los investigadores David Raup y Jack Sepkoski ambos de la Universidad de Chicago, fundamentaron tales extinciones con una amplia muestra de organismos fósiles, y estudiando la periodicidad de los cráteres terrestres y su vinculación con las extinciones masivas, establecieron que, cíclicamente, cada 26 millones de años, tienen lugar los dramáticos cambios en el clima y en la vida orgánica[22], sobre todo a partir del genocidio Pérmico acaecido hace 225 millones de años.

Existe la teoría del físico Frederick Reines el cual considera es posible la desaparición del planeta provocada por los experimentos actuales en los ciclotrones pues, resulta factible que en el proceso de la transformación de un protón en un neutrón se desencadenaría una terrible explosión terrestre.

Asimismo, todos sabemos que puede acaecer la disminución drástica de la vida a causa de una guerra de armas nucleares. Muchas veces se han enarbolado otros agentes de menor globalismo, como cambios en el nivel de los océanos, perturbaciones climáticas, fluctuaciones químicas en las aguas marinas y los efectos del desplazamiento de las placas tectónicas.

La historia del planeta manifiesta crisis periódicas provocadas por impactos descomunales devastadores. La extinción masiva del período fronterizo entre el Cretáceo y el Terciario, hace 65 millones de años, que se ha nominado como período K/T no ha sido el único registrado en nuestra historia geológica, ni siquiera el más devastador.

En la Era Fanerozoica[24] se registran cinco formidables eventos de aniquilaciones, en forma periódica, así como una declinación secular de las especies; el número de los impactos en los últimos 600 millones de años de esta Era fue mucho mayor que el promedio general para el resto de las épocas geológicas, ritmo que se ha ido acrecentando.

121

En el período cámbrico brota de forma explosiva la llamada fauna Ediacara, cuyos fósiles presentan animales marinos extraños de cuerpos achatados y blandos, que se distinguían por su gran tamaño y su alimentación basada en algas y bacterias, y que diferían tan radicalmente de todas las especies animales oceánicas que conocemos en la actualidad al punto de considerarle una rama evolutiva que fue exterminada abruptamente. Esta fauna Ediacara no disponía de depredadores.

En la Era Paleozoica, en uno de sus períodos, el llamado Cámbrico tuvo lugar una formidable difusión de la vida, donde los organismos adquirieron partes duras. Hace 525 millones de años, en este Cámbrico, se borró abruptamente el 80% de los géneros vivientes, en tres grandes eventos de su paleo-ecología.

En la frontera con el Silúrico hace 325 millones de años, tuvo lugar igualmente una catástrofe global que se prolongó por 2 millones de años e indujo el desvanecimiento masivo de diversas especies vivientes, como la de los Ashgillian. Para fines del Cámbrico la superficie terrestre no se hallaba aún ocupada por la vida vegetal; no existían los árboles, los insectos u otros organismos capaces de volar.

Ya en el período Devónico las tierras fueron invadidas por las plantas y los insectos voladores acudieron de inmediato. Pero este Devónico califica como un horizonte geológico de eliminación global de casi toda la biomasa. Por ejemplo, la supresión de los invertebrados marinos, hace 365 millones de años, producto del impacto de un meteorito, entre el Devónico y el Carbonífero, resulta semejante al del período K/T. Uno de los misterios para los paleontólogos resulta esta cesación de muchas formas de vida en las áreas costeras.

En el siguiente período, el Carbonífero los bosques tropicales se hallaban generalizados compareciendo también los animales vertebrados. De mediados del Ordoviciano al Pérmico, la estabilidad que duró 200 millones de años, fue interrumpida por dos extinciones, que se pueden calificar de moderadas. Del Pérmico en adelante los grandes vertebrados abundarían en las tierras.

Las crisis discontinuas

La era Paleozoica también concluyó, hace 245 millones de años, con la declinación global del 95% de las especies fósiles, las cuales no se reprodujeron en el período siguiente del Triásico. Más de 6,000 especies de trilobites que dominaban los océanos, se desvanecieron totalmente, en esta masacre, al punto de no dejar descendientes.

La diversidad biológica comenzó a reducirse a partir de entonces, especialmente en los océanos, primero lentamente, luego de forma calamitosa hasta que sólo una pequeña fracción de las especies marinas logró sobrevivir más allá del período Triásico.

Esta crisis del Triásico fue la más prolongada y tuvo lugar en forma discontinua, especialmente en la fauna marina y en los corales tropicales, donde pereció el 95% de todas las especies. Los grupos que más sufrieron fueron los corales, los braquiópodos y las amonitas. La vegetación y la fauna terrestre resultaron las menos alteradas excepto los reptiles-mamíferos (Terapsidos), cuya línea se esfumó.

Durante los tres ciclos concluyentes del llamado Pérmico, en un lapso de 10 millones de años, se sucedieron considerables terminaciones de especies, que coincidieron con el desencadenamiento de una terrible edad de hielo. Por tal razón muchos han argumentado que tal crisis determinó la deriva de las placas continentales[25]; Así, resulta difícil que los despaciosos desplazamientos continentales hallan provocado tales devastaciones en el término de 10 millones de años.

123

El mundo pos-pérmico, llegando hasta nuestros días, jamás logró reproducir una variedad de especies animales y vegetales como la que pobló el planeta hasta ese momento. Si bien acaeció una recuperación donde nuevas especies ocuparon los nichos vacantes, pronto la misma fue interrumpida por dos crisis de carácter limitado, y una posterior, importante, para fines del Cretáceo.

El Triásico, junto con el Cretáceo, es la era de las devastaciones más conocidas; la registrada en la época Escita, que se alargó por 5 ó 6 millones de años; la siguiente, a fines del estadío Carnian, que duró de 15 a 19 millones de años, y otra tercera, durante el Norian, que se extendió de 12 a 17 millones de años. Terminando el Triásico también es notable una declinación significativa de la vida marina.

Del período Triásico al Jurásico, nos hallamos frente a una época de constantes inundaciones oceánicas que barrió también con plantas y animales. Para el término del Jurásico, hace 110 millones de años, así como en el Alto Eoceno también se registran inmensos exterminios. El subsecuente Terciario estuvo dominado por los mamíferos y las plantas que hoy florecen y se registraron disipaciones menores de los cuales el premio Nobel, Harold Urey las describió con cierta extensión.

Ya en el Cretáceo se han precisado varios episodios de exterminios, en el término de 2 ó 3 millones de años. Estas extinciones han sido asociadas con la falta de oxígeno (anoxia) en los océanos, aunque esta catástrofe fue más devastadora en la superficie terrestre donde aniquiló muchos grupos de forma diversa, mientras los bosques de plantas de semillas y coníferas se retrajeron seriamente.

Los reptiles voladores, conocidos genéricamente como Pterosaurios, existieron por 200 millones de años; de ellos, el gigantesco Pteranodón era tan grande como un Boeing-707. Es una creencia común que, en el Triásico, los grandes dinosaurios en las tierras y los ictiosauros y Mosa saurios en los océanos dominarían el entorno planetario.

124

Lejos de lo que se piensa, los dinosaurios no eran abundantes en número o en especies hasta ahora; sólo se han registrado unas 25 especies de dinosaurios que convivieron simultáneamente; incluso, el temido Tiranosaurio Rex resulta una rareza entre los dinosaurios. Es más, en el Mesozoico habitaron más especies mamíferas que de reptiles, y el número de especies mamíferas herbívoras y carnívoras contemporáneas excede grandemente al total de los dinosaurios herbívoros y carnívoros de todo el período Mesozoico. Aunque irónicamente en la actualidad existen más especies de reptiles que de mamíferos.

En el período Cretáceo hace alrededor de 80 millones de años reino de dinosaurios y árboles coníferos, se caracterizó por la ampliación de los océanos y la reducción de los continentes. Para fines del mismo, en el período limítrofe del K/T, hace 65 millones de años, tuvo lugar el más conocido de los cataclismos que afectó todos los entes vivientes del planeta, extinguiendo posiblemente el 99.99% de la población animal y causando la extinción del 85% de todas las especies conocidas.

La sedimentación rocosa, que reflejan la cronología de la vida terrestre muestra una desmesurado discontinuidad en la evolución de las especies, acompañada de la reversión del polo magnético; esta aniquilación en masa se utiliza por los geólogos para separar el período Cretáceo del subsecuente Terciario, y se estima que duró de 50 a 1,000 años.

Todos estos impedimentos climáticos entronizaron trastornos eco-biológicos letales para abundantes especies de animales y plantas al detenerse el proceso de fotosíntesis y provocarse el colapso de la cadena alimenticia del planeta.

No puede negarse el deterioro gradual en la diversidad orgánica que respondió a estos cambios del hábitat. Aunque virtualmente todas las plantas y grupos de animales perdieron especies y géneros completos durante y fines del período Cretáceo.

Pero tal extinción no fue la más grande; el efecto total sobre la biota terrestre fue menor comparada con la reducción de la vida tropical marina. De manera súbita se disiparon alrededor de 160,000 de las especies animales marinas, un 75% del total. Se aduce que antes del período K/T ya venía ocurriendo el declive de los animales marinos; la disipación del plantón calcáreo ocurrió aparentemente en una fase volcánica que duró cientos de años; esta desaparición principió probablemente 350,000 años antes del conocido impacto extra-terrestre.

Los estragos se concentraron en aquellas especies que presentaban mayor receptividad ante los agentes que provocaron la extinción cretácea, como los reptiles marinos, los peces vertebrados, las esponjas, las ostras, las amonitas, los foraminíferos y amonitas.

Los dos grupos más importantes de algas y de protozoos que habían dominado los océanos de la era Mesozoica no sobrevivieron; alrededor de 85% de los coccolitoforidos y el 95% de los foraminíferos pereció en ese período K/T.

Estas especies extintas fueron suplantadas por los plantones crustáceos, en especial los copépodos, que en la actualidad dominan la fauna oceánica al punto de comprender el 90% de toda la biomasa animal del planeta. El orden más prominente que fue barrida de los océanos fue el de los amonitas o moluscos pelásgicos relacionados con el calamar moderno; asimismo, los carnívoros belemnita también desaparecieron en el K/T.

Si bien las plantas terrestres experimentaron menos pérdidas, unas 300,000 especies de plantas vasculares se evaporaron, pero las angiospermas sólo recibieron un retroceso temporal en su biomasa. La extinción de plantas terrestres fue menor en las latitudes septentrionales que en las meridionales. Las coníferas preeminentes en el

Mesozoico hoy sólo presentan una familia de cicadas como rareza de los trópicos.

Si este fenómeno fue capaz de liquidar la mitad de la vida planetaria, entonces tales catástrofes han desempeñado un papel importante en la evolución de la vida. Sin embargo, existe discrepancia sobre si la declinación de los grupos saurios fue gradual o súbita.

El K/T y los dinosaurios

En el K/T se extinguieron alrededor de 9 a 13 millones de especies de animales terrestres, entre ellos seis órdenes completas de reptiles -dos de dinosaurios, tres de reptiles acuáticos y una aérea, el famoso Pterosaurio.

La cadena alimenticia de los gigantescos saurios tenía en su cimiento a los herbívoros sobre los que depredaban, como el notorio Tiranosaurio Rex; al registrarse el bloqueo de la fotosíntesis y desencadenarse extensas alteraciones climáticas, la flora planetaria se vio incapacitada por un tiempo dilatado, desvaneciéndose paulatinamente los grandes saurios herbívoros y con ellos sus implacables enemigos depredadores.

Ningún animal terrestre superior a 50 libras sobrevivió a tal catástrofe; sólo en el agua pudieron escapar los cocodrilos y las tortugas; pero los reptiles acuáticos perecieron, como el Mosa saurio, el Plesiosauro y el Ictiosauro. Tanto los dos grupos en los cuales se dividen los dinosaurios (Saurischia y Ornithischia) con un total combinado de 22 géneros, como los foraminíferos planctónicos no sólo fueron enteramente barridos, sino que no lograron dejar descendientes.

El corte abrupto del K/T en los anales fósiles de los animales pequeños es también profuso. Entre las especies que consiguieron atravesar a salvo este cataclismo planetario figuró el resto de los grupos vertebrados e invertebrados, las plantas, los braquiópodos, los insectos, así como los pequeños y débiles mamíferos, que se alimentaban fundamentalmente de insectos, y los cuales milagrosamente lograron la hegemonía planetaria que anteriormente ostentaban los saurios.

El hecho de que sobrevivió un grupo de especies, eclipsa la realidad de que los mamíferos encajaron también graves pérdidas, por tal resulta un simplismo abordar tal suceso inquiriendo las razones por las cuales se liquidó a los dinosaurios y no a los mamíferos.

Existen dos escuelas de pensamiento sobre el evento que liquidó el grueso de la vida, incluido los dinosaurios, en el período K/T.

La primera visión se inclina hacia una extinción gradual, alegando cambios climáticos y de los niveles marinos; para algunos, el decrecimiento en la diversidad genérica de los dinosaurios ya había comenzado siete millones antes del famoso impacto en la frontera del K/T, como los Pterosaurios o reptiles volantes. Sin embargo, tales fenómenos no sólo requieren más tiempo del que tomó la extinción; y han estado ocurriendo a todo lo largo de la historia terrestre sin implicar una eliminación masiva de la vida.

La Segunda escuela de pensamiento, liderada por el premio Nobel Luís Álvarez, considera que tal anomalía fue producto del choque de un asteroide o cometa.

Un asteroide de 10 millas de diámetro, a la velocidad de 72,000 kilómetros por hora, crea un hueco en la atmósfera, en cuya base se origina una explosión que libera por esa ruta de escape antes de que pueda cerrarse, la energía equivalente a 100 millones de megatones, produciendo un cráter de 200 kilómetros de diámetro, que sacudió a nuestro planeta.

Después del impacto una nube cubrió la Tierra sometiéndolo a un repentino y anormal bombardeo de medio millón de toneladas de iridio; el polvo en toda la atmósfera sería tan denso y oscuro que por un largo período bloqueó la luz solar, generalizando el frío glacial y los fuegos devastadores que consumieron bosques y selvas; los volcanes erupcionaron y gigantescas olas marinas barrieron los continentes conjuntamente con terremotos de titánica magnitud los cuales quebraban las placas tectónicas.

Los que se inscriben en la escuela del impacto catastrófico se apoyan en el desvanecimiento de los unicelulares invertebrados marinos, los foraminíferos o amonitas, y en el polen microscópico de las plantas; además del elevado contenido en todo el planeta de un metal del grupo de los platinos[26], como el iridio[27], un elemento más denso y pesado que el hierro y extraño en nuestro sistema solar, pero abundante en los meteoritos. Este elemento, emulsionable con el hierro, fue absorbido por el núcleo central del planeta durante su fase formativa y por ello se halla ausente de la corteza terrestre[28].

El grupo arqueológico de Álvarez descubrió una concentración inusual de iridio en rocas de la frontera Cretáceo-Terciario, en latitudes tan dispares como Italia, Dinamarca y Nueva Zelanda. Otra de las evidencias más convincentes del super-impacto es la presencia de cuarzo con bandas deformadas, muy común para los cráteres de meteoritos. Tanto los restos de iridio y de osmio, ambos de origen extraterrestre, así como los granos de cuarzo con daños estructurales apuntan hacia un típico impacto de alta velocidad.

Sin dudas existe una relación entre los impactos de cuerpos celestes y las erupciones volcánicas en cadena que ha sufrido el planeta. Estas erupciones producen deformaciones del cuarzo y expelen iridio de las entrañas terrestres; los vulcanistas, reclutados entre los paleontólogos, sugieren que tal presencia de iridio en el K/T obedece a erupciones cataclísmicas que alteraron significativamente el clima global.

Para los paleontólogos, el impacto de un bólido de 10 kilómetros de diámetro produce un terremoto de la magnitud 13 en la escala de Richter, sacudiendo el planeta como si fuese una campana y excitando la mayoría de los volcanes apagados. Existen pruebas de fuegos colosales que barrieron los bosques del planeta.

Los gases expedidos a la estratósfera por las erupciones volcánicas en cadena bloquean la luz solar enfriando lo suficiente al planeta para que muchas especies desaparecieran, a lo que seguiría una intensa y pertinaz lluvia ácida dando cuenta de los géneros restantes. Posteriormente, se suscitaría el efecto invernadero con un extremo calentamiento por miles de años, responsable también de una brutal depuración biótica.

Algo que siempre nos ha intrigado y ha llevado a especulación, es que los animales actuales de gran tamaño como los elefantes no pueden caerse pues resultaría mortal al quebrarse los huesos y destruir los tejidos. Ello nos hace pensar en aquellos super-animales del pasado nuestro, que no podrían vivir en nuestro actual mundo, es decir en las condiciones de la fuerza de gravedad presente. Por lo que puede considerarse que esos super saurios existieron cuando nuestro planeta no tenía tan poderosa fuerza de gravedad.

Lo único que puede explicarlo es, si estuviese la Tierra en una órbita muy cercana y alrededor de un cuerpo estelar más pequeño y mucho más frío (o cuerpo binario) que nuestro Sol actual; con uno de los polos siempre apuntando directamente a esta pequeña estrella cercana o sistema binario.

Por ejemplo, el 17 de junio de 1982 la NASA comunicó la casi certeza de "un misterioso objeto" más allá de los planetas más lejanos; y el satélite astronómico infrarrojo (IRAS) detectó calor de un objeto alrededor a unos 50 millones de kilómetros de distancia.

Esta atracción gravitacional daría una forma a la Tierra parecida a un huevo en vez de su actual condición esférica, de manera que su centro de gravedad estaría fuera del centro, desplazado hacia la pequeña estrella. Esto generaría una torsión que contrarrestaría la fuerza giroscópica natural, haciendo que el polo terrestre apuntara hacia la misma dirección en torno a la estrella. Ello posibilitaría animales gigantes tales como los dinosaurios, crearía un solo continente terrestre, las estaciones climáticas no existirían.

Una Supernova

También se argumenta que los exterminios desmedidos de finales del Cretáceo responden a regresiones marinas trascendentes las cuales alteraron la configuración y conexión de los continentes, influyendo en los patrones de circulación de las corrientes oceánicas y climáticas, conllevando a la pérdida de la diversidad del ecosistema.

Se cuentan con evidencias astronómicas de explosiones supernovas en parajes relativamente cercanos a nuestro Sistema Solar, como los rastros encontrados en el hielo de la Antártida de una explosión Supernova a 50 parsecs del Sol hace 35,000 años.

Tomando este hecho en cuenta se considera que la causa original provocadora de la extinción masiva del período Cretáceo fue precisamente una explosión Supernova en las inmediaciones de nuestro Sistema Solar, cuya intensa radiación (20 veces más que la solar) incendió la flora; asimismo la onda expansiva del estallido perturbó la nube de cometas que rodea al Sol precipitándolos hacia los planetas internos, a los cuales arribó pocos siglos después una muchedumbre de cometas.

Se enarbola el argumento en favor de esta tesis a partir de un resorte de aceleración necesario para que un cometa golpeara a la Tierra a la velocidad mínima de 80 kilómetros por hora. El mecanismo del centro de la Galaxia, conjuntamente con el efecto Júpiter resultan los perturbadores esenciales de los cometas. Pero ambos no son suficientes para provocar tal aceleración; sólo la explosión supernova de una estrella 20 veces más masiva que el Sol, un poco más allá de Alfa Centauro, puede proveer la energía y el momento necesarios para dislocar todo el sistema cometario de la nube de Oort y acelerar a tales velocidades un número voluminoso de cometas hacia el interior.

La precipitación de una lluvia de cometas contra el planeta Tierra, provocaría sin dudas la acidificación de los océanos, al separarse el oxígeno de las moléculas de nitrógeno en la atmósfera y la resultante oxidación del nitrógeno cuya reacción con el agua genera vastas cantidades de ácido nítrico.

La onda expansiva suscitaría olas gigantescas o tsunamis de 150 metros de alto que después de adentrarse en las tierras continentales y retirarse al mar, arrasa con el suelo, los animales, los vegetales y las rocas. La pérdida del hábitat se produce por los fuegos, por la contaminación de la llovizna ácida, por los diluvios, el bloqueo de la luz solar y por el descenso de las temperaturas.

Una catástrofe de Supernova ocurrió hace 5,000 millones de años en nuestras cercanías, proveyendo los elementos que aderezarían el Sistema Solar. Como otra explicación de extinciones figura el de los estallidos de tales supernovas, con sus colisiones de materia y anti-materia, emitiendo radiaciones más intensas que toda una galaxia. Si una supernova comparece dentro de 30 años-luz de distancia, sus efectos sobre la Tierra serían catastróficos, por la radiación de alta energía (rayos-x y gamma) y los rayos cósmicos.

Otro de los elementos incluidos en favor de la Supernova es que inmediatamente de la explosión se presentan condiciones ideales para la formación de elementos super-densos en forma de partículas sub-

132

microscópicas como el diamante, que se han encontrado en los sedimentos del período K/T.

Los depósitos de níquel son de naturaleza extra-terrestre resultado de impactos de asteroides, pues todo el níquel del planeta gravitó hacia el coro central junto a otros elementos pesados, como el hierro y el diamante, en la etapa formativa del planeta.

Todos los elementos e isótopos más pesados que el hierro, o de masa atómica 56, se han formado en los incidentes de supernovas, como el Iodo-129, el uranio-236, el plutonio-244, el curium-247, plata-107. Los elementos llamados siderófilos están esparcidos en los sedimentos rocosos del K/T, como el iridio, el oro, el platino, el osmio-187, el rutenio, el rodio, el iodo-129. El Osmio 187 es poco común en la corteza terrestre y en los meteoritos, pero resulta copioso en los cometas.

En los mantos terrestres del período K/T, junto a minerales como el iridio y al cuarzo impactado se han hallado dos aminoácidos muy extraños para nuestro planeta, pero abundante en los meteoritos y otros sitios extra-terrestres. A su vez, los aminoácidos extraídos de la capa K/T contienen un radio de isótopo similar a los diamantes y el polvo interestelar, y son diferentes de los aminoácidos en los depósitos terrestres de carbón.

Los cometas se organizaron en el espacio exterior al Sistema Solar; el metano, los compuestos orgánicos y carboníferos abundan en ellos; el 10% del carbón libre en los cometas se halla en forma de polvo de diamantes, los cuales, junto al iridio, se han hallados en las formaciones rocosas del período fronterizo Cretáceo-Terciario.

La única explicación es que el iridio y los aminoácidos, así como el polvo de diamante entraron en el planeta como resultado de un impacto cometario pues no son componentes de los asteroides; los cometas y los meteoritos resultan las únicas alternativas para transportar los aminoácidos y los diamantes.

Se llega a afirmar que los cambios abruptos que identifican cada era geológica, como la del K/T, no se deben a una sola acometida cósmica, sino a una secuencia de impactos menores esparcidos en el espectro de 1 a 3 millones de años que, sumados, conforman una extinción significativa. Otros seguidores de los impactos múltiples argumentan que, tras el golpe principal de un enorme meteorito, continuaron otros, de menor tamaño en el corto tiempo de varios meses.

Un grupo de investigadores rusos han abrazado esta posibilidad de varios impactos, tras la fragmentación del asteroide, ocasionando diversos cráteres en un arco trayecto que va de la Siberia occidental, pasando por Ucrania y terminando en Libia; pero estos cráteres resultan muy pequeños, como el de Popigai en Siberia, de 100 km, los cráteres gemelos de Kara de 65 kilómetros, o el Ust-Kara de 70 a 155 kilómetros.

Todo apunta a que los eventos del K/T fueron provocados por más de un impacto. Como sitios posibles se han sugerido el enorme cráter de Manson, en Iowa, de 32 kilómetros de diámetro, el del río Brazos, en Texas, el de China y el de Siberia.

También se reconoce un cráter de 300 kilómetros ubicado al sur de la parte occidental de Cuba donde, además concurren abundantes muestras del período K/T, sugiriéndose que la costa sur de la provincia de La Habana podría ser su borde.

Recientemente se ha localizado, en la costa norte de la península mexicana de Yucatán y el sur del occidente de Cuba, un cráter sumergido de 300 kilómetros de ancho, el Chicxulub, de 65 millones de años y presentando una alta anomalía de iridio y de roca derretida.

Cuvier ya había planteado que en el planeta concurrieron magnas catástrofes las cuales transformaron el fondo marino en superficies continentales y viceversa. Fue un periodo de grandes catástrofes y explosiones.

La Dorsa central

La "Dorsal Central oceánica" indicaba que el continente americano se estaba separando de la masa terrestre eurasiática. Esto dio lugar a una nueva teoría, la *tectónica de placas* o deriva continental, que ha revolucionado la ciencia de la geología.

Cuando la tierra se enfrió, hace unos 4,000 millones de años, los materiales más pesados se hundieron hacia el centro mientras los elementos más ligeros subsistieron cerca de la superficie, formándose una corteza bajo la cual quedaron atrapados gas y rocas fundidas. Ese es el origen de los primeros continentes, en un mar de rocas fundidas (magma), y empezó a tomar cuerpo la corteza oceánica, distinguiendo uno de los acontecimientos más importantes de la historia del planeta.

La corteza forma una capa muy fina alrededor del manto semi-líquido y soporta los océanos y las masas terrestres, y todas las formas de vida. Siete décimas partes de la corteza están recubiertas de agua, y está dividida en diez placas que acoplan como en un rompecabezas. En los bordes de estas placas están situadas las "fallas", donde se concentran las actividades sísmicas y volcánicas.

Océanos y continentes, montañas y valles, ríos, lagos y costas están en proceso de cambio constante; periodos de "calma" y "estabilidad" son violentamente interrumpidos por revoluciones a escala continental. La atmósfera, las condiciones climáticas, el magnetismo e incluso la posición de los polos magnéticos del planeta están por igual en estado de flujo permanente.

En la superficie tenemos los agentes climáticos, la erosión y el transporte de material de las montañas y continentes de vuelta a los océanos. La acción de fuertes vientos, intensas lluvias, la nieve y el hielo desgastan las rocas más sólidas debilitando su corteza externa. Las masas terrestres, los océanos y la atmósfera se afectan por los rayos del Sol y por la gravedad y el campo magnético que rodea nuestro planeta Tierra. La corteza oceánica aumenta de tamaño a medida que separa los continentes de América del Sur y África, de América del Norte y de Europa.

La tectónica de placas comenzó a principios del proterozoico, una anterior tectónica de placas se produjo en los tiempos arcaicos. Más del 80 % de la corteza continental se creó antes del final del periodo proterozoico. Entre Eurasia y África había un océano que hoy no existe: Tetis, cuyo único vestigio actual es parte del mar Mediterráneo. El resto de ese gran océano fue consumido, desvaneciéndose debajo de las montañas de los Cárpatos y el Himalaya, malogrado por la colisión de Europa y Arabia con la India.

Pangea

En los años 1960 el geógrafo alemán Alfred Wegener probó que los actuales continentes se hallaban ensamblados en un super-continente que con el paso del tiempo se desmembró.

A principios de la década 1960 tuvo lugar en geología lo que se ha dado en llamar la revolución de las placas tectónicas la cual evaporó la noción popular de un planeta con mares y superficies estacionarios, aceptándose el desplazamiento tanto del suelo oceánico como de la corteza planetaria los cuales flotan como una balsa en el denso fluido del manto terrestre.

Las razones por las cuales los continentes se han unido son el resultado de encontrarse en el camino; pero, aún se ignora el *deux ex machina* que precipita su división. Estos desplazamientos, así como el cambio de su eje, requieren de fuerzas no existentes en la dinámica interna del planeta.

La teoría de la fricción ondulatoria suscitada por el sistema binario Luna-Tierra, como causa del deslizamiento de las placas tectónicas, requiere un ecuador terrestre coincidente con la órbita lunar; sin embargo, la Luna no revoluciona sobre nuestro plano ecuatorial[29].

En el curso de 200 millones de años el planeta ha crecido en volumen en un 20%, debido al declinar de la constante gravitacional desuniendo la compactación de la materia terrestre. Todo ello como uno de los fundamentos del movimiento de las placas continentales

La corteza continental es menos compacta pero más gruesa que la oceánica; en el curso de millones de años ha descendido y ascendido continuamente cientos de metros provocado por violentas fuerzas tectónicas. Se han separado volviendo a fundirse, transfigurando la fisonomía y el alineamiento de los continentes, variando los linderos de las tierras con los océanos, formando y borrando islas e istmos y restringiendo las zonas templadas hacia el Ecuador.

El sedimento en el suelo oceánico es muy fino para representar una larga antigüedad, apuntando la existencia de un océano anterior al presente. En el período más remoto, el pre-Cámbrico, existían los super-continentes: Eurasia, China y Gondwanalandia, este último el más grande englobando África, América del Sur, India, Antártida y Australia. Las evidencias paleo-magnéticas entre el Pre-cámbrico y el Pérmico, ubicaban a este continente de Gondwanalandia por sobre el actual territorio del Polo Sur.

En la posterior edad de hielo ya a fines del Paleozoico, tuvo lugar nuevamente la recombinación de un super-continente, Panguea, para después desmembrarse en la cálida fase de inicios del Cenozoico.

La masa continental, Pangea, creada por la colisión de los continentes en el Paleozoico, se mantuvo intacta durante unos 100 millones de años. La ruptura de Pangea comenzó precisamente en el Jurásico, hace 180 millones de años, creándose dos continentes: Laurásia (América y África) en el Norte y Gondwana (India, Australia y Antártica) en el sur.

A fines del Mesozoico, el continente Laurásia se escindió en tres partes: América del Norte, América del Sur y África. La India se desplazó al norte chocando con Asia y África con Europa. Hace 3,5 millones de años tuvo lugar la unión de América del Norte y América del Sur.

Hace 220 millones de años, durante la era Mesozoica, todas las tierras y continentes existentes, incluyendo Gondwanalandia, terminaron por agruparse en un super-continente nombrado Panguea, rodeado por su super-océano: Pantalassa. Pero este super-continente no se mantuvo fundido por mucho tiempo y en el Triásico comenzó a fragmentarse, primero en dos piezas[30] luego Gondwanalandia se fraccionó toda la América del Norte, África, la América del Sur y el resto. Un ejemplo de ello es la fusión de América del Norte y del Sur hace 3.5 millones de años.

Este choque y división de continentes mezclaría y aislaría faunas dispares, como se nota en Australia. La taxia reptil evolucionó antes que las distancias inter-continentales se agigantasen, pudiendo esparcirse por la superficie planetaria y dominando la misma por 200 millones de años. Allí comenzó a destacarse la rama de los dinosaurios; a diferencia de los mamíferos, su incapacidad para controlar la temperatura del cuerpo atentó contra su sobrevivencia, en especial debido a los tempestuosos desajustes climáticos.

Es aceptado el concepto del ensamblaje y dispersión de los continentes oscilando en megaciclos de 300 a 400 millones de años, y al compás de eras glaciales y cálidas. Esta hipótesis se apoya en la inauguración de una edad de hielo previa al Fanerozoico cuando existía el citado super-continente. A esta fase subsiguió una etapa cálida a comienzos del Paleozoico, momento crucial debido a otra dispersión continental.

Durante el Triásico, hace 250-205 millones de años, comparecieron los dinosaurios en la Tierra, y los Plesiosauros e Ictiosauros en el mar, prevaleciendo en el aire el reptil alado, el Pterosauros. Los dinosaurios dominaron todas las formas de vida terrestre vertebrada, bloqueando la evolución de los mamíferos, que medraron a la sombra de sus gigantescos contemporáneos, procurando su alimento en las noches. En el Jurásico, 205 a 145 millones de años atrás, se retiraron los glaciares con un aumento de la temperatura global y la elevación del nivel marino en 270 metros, el doble de su actual nivel medio.

En las cimas del Himalaya, a unos 8,000 metros sobre el nivel del mar, algunas rocas contienen fósiles de organismos marinos que se originaron en las profundidades de un océano prehistórico y que fueron empujadas hacia arriba para crear las montañas más altas de la tierra en un periodo de 200 millones de años.

Los continentes se mueven

El Cuaternario es la época de los glaciales, sobre todo en sus etapas finales cuando concluye la Edad de Hielo que engloba a la cultura Neolítica, o de la piedra pulida, a la Edad del Bronce y la del Hierro. Es decir, a partir de la aparición del homínido, en los comienzos de la Edad de Hielo ya la geología no registra el levantamiento de montañas, quedando establecido el perfil del planeta con sus cadenas montañosas y océanos.

De acuerdo con los términos de la geología, 600 millones de años atrás aparecieron las primeras formas de vida en el planeta. La vida se desarrolló en forma de reptiles hace 200 millones de años, los que dominaron la escena terrestre. Hace 65 millones de años se desvanecieron los grandes saurios y ya en el Terciario los mamíferos hegemonizaron los continentes del planeta.

De acuerdo con este esquema, los últimos levantamientos de montañas tuvieron lugar a fines del Terciario, ciclo que concluyó hace un millón de años, cuando se iniciaba el Cuaternario: la era del homínido.

Sin embargo, en las últimas décadas, numerosas muestras geológicas apuntan hacia una historia diferente; el alzamiento de la corteza, conformando cadenas montañosas ha sido una manifestación del propio Pleistoceno sugerido en los récords de las terrazas posglaciales, indicando un movimiento diastrófico de montañas; como las cordilleras del continente americano o el sistema caucásico[31] donde se han encontrado depósitos sedimentados de antiguos océanos con fósiles paleolíticos.

Los desplazamientos de rocas colosales, del Ecuador hacia latitudes norteñas, como ha sucedido en la India, donde las morenas originarias del ecuador, llegaron incluso al Himalaya. De acuerdo con el geólogo suizo Arnold Heim, el Himalaya parece que se alzó 3,000 pies más en la época homínida[32].

El choque entre Eurasia y la placa africana creó los Pirineos en el oeste, los Alpes (choque de Italia y Europa), los Balcanes, los Helénicos, los Taurídicos, el Cáucaso (choque de Arabia del Sur con Asia) y finalmente el Himalaya (choque de India y África). De la misma manera los Apeninos y las montañas Rocallosas en América están situadas en la zona donde la placa oceánica se hunde bajo el continente americano.

La formación de una cadena de montañas requiere miles de terremotos que forjen un pliegue extensivo, la deformación y la ruptura de rocas.

En el valle volcánico de Afar, en África Oriental, el continente se está rompiendo y un nuevo océano se formará en los próximos cincuenta millones de años. De hecho, el Mar Rojo es un océano muy joven, que está separando el sur de Arabia del este africano.

La formación de las cadenas montañosas, es decir la orogénesis, como los montes Apalaches, los Alpes y la que va de Escocia a Noruega son los antiguos bordes de viejas placas tectónicas que en algún momento se fundieron; asimismo los Andes y los Himalaya son muestras de fusiones tectónicas mucho más recientes; así, en el Himalaya se encuentran abundantes conchas y esqueletos de animales marinos.

En medio de los océanos se halla una cadena de elevaciones, de 8,000 pies, que constituye el espinazo de la corteza terrestre; aparte de tales prominencias existen hondas y angostas trincheras de 17,000 a 23,000 pies de profundidad, especialmente en el Pacífico. Se localiza un cañón gigantesco en el fondo oceánico que circunda por dos veces todo el globo, como si este hubiese sido retorcido por manos gigantescas.

En la actualidad la sección norte del océano Atlántico se agranda, mientras el Pacífico se achica por el movimiento de la América del Norte hacia el sur-oeste a una velocidad de 46 milímetros anuales, y la cual se distanciará definitivamente del resto del continente. Pero, el Pacífico sur, colindante al Asia se amplía, pues esta placa continental se traslada a razón de 150 milímetros anuales mucho más rápido que la América del Norte.

La América del Sur también enrumba hacia el oeste, deslizándose por sobre la placa tectónica de Nazca, a 84 milímetros por año. En el presente, somos testigos del empuje de la India hacia el norte que se inició hace 40 millones de años y el cual la ha incrustado en 2,000 kilómetros dentro del Asia; la sutura de esta compresión horizontal que aún continúa a una velocidad de 5 cm. por año es el complejo de los montes Himalaya; de ahí los terremotos que sacuden al Irán y a China son las consecuencias directas de este encontronazo con la región tibetana. Así fue cómo el Cenozoico contempló una copiosa formación de cadenas montañosas.

África está enrumbando hacia el sur de Europa, achicando al océano Mediterráneo, a la velocidad de un metro por siglo; la placa marina de Libia y Egipto se acerca hacia Italia, Grecia, Creta, Chipre y el sur de Turquía, a las cuales se unirá en el curso de varios millones de años.

Asimismo, en el Medio Oriente la península de Anatolia se encamina hacia el Mar Egeo repelida por la península Arábiga, que empuja hacia la norteña dirección del Irán, motivando la ampliación del Mar Rojo, del Golfo de Adén y del Mar Muerto.

Cada siglo, la franja occidental de California se mueve inexorablemente de 4 a 8 metros hacia el Golfo de Alaska al norte, escindiéndose con rapidez de la masa continental norteamericana, por la falla de San Andrés y quedará en el futuro como una larga isla.

El neolítico africano contempló el hundimiento de la cadena montañosa de los Atlas, que conectó al Atlántico con el Mediterráneo al abrirse el Estrecho de Gibraltar; de manera paralela tuvo lugar el desplome de la franja que unía las Islas Canarias con África y la hendidura del Estrecho de Bab-el-Mandeb que divorció a la Arabia del Este africano.

Así, el Sahara era una estepa rasa cubierta de malezas, con un enorme lago interior, conocido por los antiguos como Lago Tritón, el cual en una portentosa catástrofe posterior desaguó en el océano Atlántico.

Al igual que los desiertos del Sahara y de Arabia, otros grandes desiertos del planeta presentan huellas de haber sido habitados y cultivados. Tenemos el caso de la meseta tibetana y el desierto de Gobi en los cuales es posible localizar ruinas de civilizaciones antiguas. La impresión general es que debido a disturbios tectónicos el agua subterránea de los desiertos descendió a considerables profundidades debido a disturbios tectónicos.

En la leyenda sobre Hiperbórea se lee: "Última Tule había sido la capital del primer continente colonizado por los arios. Éste se llamaba Hiperbórea y habría sido más antiguo que Lemuria y la Atlántida (continentes sumergidos, habitados antaño por grandes civilizaciones). Existe en Escandinava una leyenda con respecto a "Última Tule" un país maravilloso en el Gran Norte donde el Sol no se pone jamás, y donde vivirían los ancestros de la raza aria.

El continente "hiperbóreo" habría estado situado en el Mar del Norte y habría desaparecido en las aguas con ocasión de una era glacial. Se supone que sus habitantes habían venido antaño del sistema solar de Aldebarán, que es el astro principal de la constelación de Tauro, y que medían cerca de cuatro metros de alto y tenían la piel blanca. No conocían las guerras, eran vegetarianos y tenían una tecnología muy avanzada".

George Cuvier

- Fue capaz de reconstruir especies fósiles desconocidas a partir del estudio de sólo algunos fragmentos óseos, y recurrió a la teoría del catastrofismo para explicar la desaparición de algunas de ellas. Para Cuvier, las especies no habían cambiado desde la Creación.

El Diluvio Universal

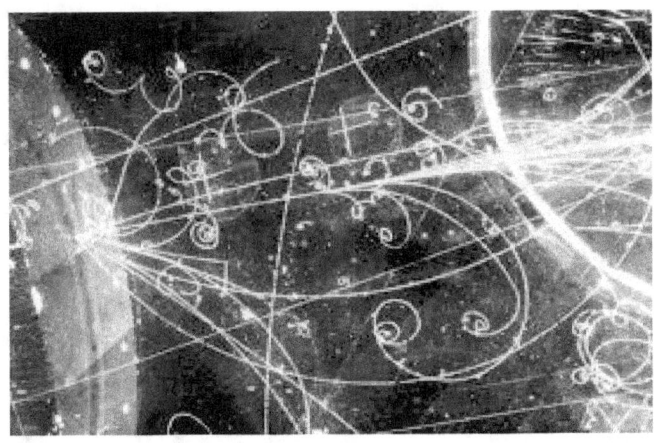

Mundo sub-atómico

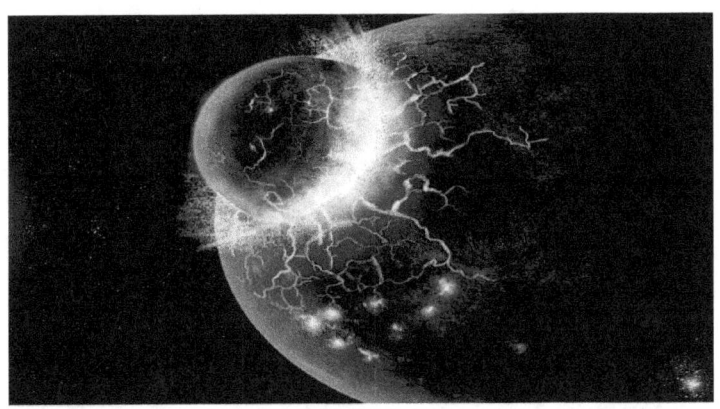

Choque de planeta con la Tierra

Explosión Super-Nova

Meteorito chocando con la Tierra

4

Terremotos y volcanes

Anualmente el planeta se ve sacudido por un estimado de 100,000 terremotos y maremotos, algunos de los cuales son realmente devastadores; sin embargo, con los sismógrafos modernos es imposible prevenir tales fenómenos en cualquier localidad del planeta. La distribución global de los terremotos ha posibilitado reconocer la subdivisión de la superficie del planeta en placas terrestres. Entre los focos de mayor concentración se hallan la falla de San Andrés, en California, y el valle del río Jordán en el Medio Oriente.

Las tablillas asirias, excavadas por sir Henry Layard y los récords romanos anotan una cantidad poco usual de terremotos violentos; en los días del imperio romano, hace 19 siglos, el paso de cometas resultaba un fenómeno frecuente. Muchas civilizaciones especialmente pre-colombinas fueron borradas por siniestros naturales.

Existe también la teoría volcánica como uno de los sucesos catastróficos de más poder que han determinado los cambios climáticos y la devastación de especies en el planeta. Los volcanes son el resultado del intenso calor proveniente de la Litosfera.

El mecanismo que los precipita tiene lugar cuando una intensa columna de material ígneo proveniente del manto terrestre se eleva hasta que alcanza la base de la litosfera creando una bolsa; allí, la lava presiona hacia arriba quebrando la corteza y conformando un volcán, actividad que conforma una placa basáltica.

La mayoría de los volcanes se hallan ubicados al borde de las placas tectónicas o en medio de las crestas oceánicas. Las trincheras marinas con doble arco son el resultado de los choques de las placas oceánicas, como se advierte en Indonesia, el sudoeste del Pacífico, las Filipinas y en las Antillas menores.

Los choques de las placas continentales con las oceánicas son también observables en la sección que va de Chile a México y al norte de Oregón a Washington, asimismo del sur de Alaska a lo largo de la cadena Aleutianas hasta la península de Kamchatka y el Japón.

El famoso "anillo de fuego" volcánico abraza al Océano Pacífico; los hay activos y otros dormidos; en medio del Atlántico, desde la altura de Europa hasta más al sur del África existe también una línea volcánica.

Los ejemplos más evidentes de esta actividad son las erupciones que conformaron los diques de lava que cruzan el África del Sur, las que erigieron las islas de Hawái y la de Islandia, las rocas volcánicas del río Columbia y del río Snake al nordeste de Estados Unidos.

La erupción del Krakatoa en 1883 fue equivalente a una explosión de 100 megatones y espació una cantidad tal de polvo en la atmósfera que sus efectos se sintieron por años, descendiendo la temperatura en varios grados al bloquear la luz solar. Más recientes han sido las violentas erupciones del propio Krakatoa, las del monte Vesubio y las del Monte Santa Elena.

La colosal erupción del volcán Tambora en Indonesia, en 1816 bloqueó por varios meses la radiación solar en toda el área del Pacífico. Se estima que la explosión del lago Toba en Sumatra, hace 73,500 años fue lo que precipitó la última gran glaciación sobre el planeta.

Hace 65 millones de años la explosión de un gigantesco volcán derramó más de 2 millones de kilómetros cúbicos de lava basáltica conformando el Decán que cubre un tercio de la India: un bloque de varios miles de pies de alto y 250,000 millas cuadradas.

Este portento fue producto de una formidable cadena de erupciones que acaeció en el término de un millón de años, coincidiendo con la ultimación masiva de los dinosaurios en la frontera del K/T, cuando también se originó la reversión de la polaridad terrestre; pero, sin embargo, es imposible que fuese de dimensiones tan colosales como para cubrir todo el planeta puesto que hasta ahora no hay evidencias de que tuvieran lugar erupciones de grandes volcanes en cadena. Por otra parte, el cuarzo deformado del K-T es sedimentario y no proviene de fuentes volcánicas.

Los cambios climáticos

Otros agentes inciden a su vez en este mecanismo de cambios climáticos. Figuran entre estos las variaciones en el comportamiento de las corrientes oceánicas (El Niño, la Niña), el ascenso y descenso en los niveles marinos con sus avances y retrocesos en las costas continentales, las mudanzas geográficas de los continentes, la formación y el colapso de las cadenas montañosas, y las bruscas alteraciones en el calor interno del planeta.

La imagen del Universo ya no es la de los sumerios-babilonios y egipcios, versión copiada por todas las religiones posteriores, de un territorio específico, con un paraíso arriba y el abismo debajo.

La nueva estampa es la de un cosmos de magnitud inimaginable y de iracundia y violencia sorprendente e incomprensible, poblado de miles de millones y trillones de estrellas, verdaderos hornos termonucleares, que a veces vuelan en pedazos derramando polvo y gas en el espacio, y de cuyos estallidos despuntan nuevas estrellas, planetas y cometas.

El Sistema Solar no es un conjunto estable, no es un ingenio de relojería exacto ni un prototipo de equilibrio como idealizaron los científicos Isaac Newton, Johannes Kepler y Pierre Simón Laplace, sino que presenta dilemas insolubles de mecánica celeste, y considerables misterios. Sabemos que se altera constantemente y que muestra un comportamiento inesperado. Su dinámica contiene elementos de caos y complejidad, demasiados parámetros de movimientos que simplemente no alcanzan a clarificar nuestros cálculos matemáticos, donde las órbitas planetarias se comportan con profusión de incertidumbres.

Las matemáticas nos proveen de la precisa ubicación del actual Sistema Solar dentro del cuadro universal. La historia climática, por demás, es una compilación de hechos irracionales que por ahora sólo halla respuesta en los drásticos trueques de la posición del eje terrestre o de su órbita.

El humano resulta el retoño genuino de los hielos y hemos heredado su poder de magnificar lo usual en colosal. La naturaleza que hemos conocido a través de nuestra aventura en la Tierra no ha sido la del estable y adormeciente verano de la despaciosa era de los reptiles. Al contrario, somos el producto final de un ciclo que retorna cada 250 millones de años, el mismo tiempo que toma a nuestro Sol completar una rueda alrededor de la Vía Láctea.

La naturaleza que disfrutamos a través de la aventura humana en la Tierra no ha sido la del constante y apacible verano de la era de los reptiles. En la penumbra histórica precámbrica existen trazas de otras formidables edades de hielo. Somos la sustancia final en un ciclo que, a todas luces, retorna cada 250 millones de años, el mismo lapso que toma a nuestro Sol completar una vuelta alrededor de nuestra Galaxia, La Vía Láctea.

Nuestro primer conocimiento tentativo de los fríos inclementes se inicia en el Pérmico, pero esa glaciación estuvo confinada al Hemisferio Sur. La glaciación pérmica duraría de 25 a 30 millones de años. Tan distante en el tiempo fue esta era de congelamiento que los científicos del siglo XIX, los cuales creían en el calor constante, se asombraron cuando el geo-morfólogo inglés Andrew C. Ramsay, en 1854, presentó evidencia de que el último gran invierno del cual aún estamos emergiendo, fue precedido por otro período de frío formidable.

Nuestra especie se desarrolla en la era del Pleistoceno, tiempo de grandes extinciones, mientras presencia cómo a su alrededor desaparece el 70% de los animales, y se suceden los incidentes más violentos de la empresa tectónica planetaria. En el plazo que asciende el humano, los hielos glaciales dominan un tercio de la superficie terrestre y desatan terribles inviernos en todo el globo, característica de un mundo de terremotos a escala extraordinaria donde se forman cadenas montañosas y fosas marinas.

Puesto que vivimos en los bordes del Pleistoceno, una edad de hielo en plena regresión, pero no finalizada, es valedero observar que la remota glaciación Pérmica es la única cuyo lapso en realidad podemos estimar.

Las Glaciaciones

Sin dudas, la Edad de Hielo entronizó una particular dirección a la civilización humana. Existen muchas teorías sobre las glaciaciones y el retroceso de las mismas, pero aún no se ha logrado una explicación definitiva.

Entre las posibilidades que se manejan se ha considerado el aumento o la disminución del calor solar, el paso del Sistema Solar por áreas cósmicas frías y calientes, el cambio que en ocasiones ha sufrido el eje terrestre, las excentricidades de la elíptica de nuestro planeta, la disminución del calor originar del planeta, y últimamente se han agregado a la lista los cambios en la dirección de las corrientes marinas cálidas.

Uno de los elementos que precipitó supuestamente a las glaciaciones ha sido el bombeo de dióxido de carbono en la atmósfera. En el Eoceno, alrededor de 100 trillones de toneladas de carbón muy por encima de la existente hoy día se hallaba depositada en los sedimentos marinos provenientes del Mesozoico y del Cenozoico, y como resultante, la atmósfera era más rica en oxígeno, acaso demasiado para el medio ambiente.

La atmósfera de fines del período Cenozoico era más pobre en oxígeno que la del Mesozoico, sin embargo, disponía el doble de CO_2. La erosión de estos sedimentos carboníferos se inició hace 15 millones de años provocándose una mayor oxidación. De esta forma han tenido lugar cambios pronunciados en la composición de dióxido de carbono de la atmósfera.

Los finales del período Cenozoico presenciaron un deterioro climático que empobreció la flora y la fauna de las porciones norteñas de los continentes. Estas fluctuaciones climáticas, cuyas causas aún no están determinadas, comenzaron hace 35 millones de años, y sólo tomarían una década para explayarse.

El período llamado Mioceno[1] fue la época del dominio de los mamíferos, con un sistema térmico corpóreo y un cerebro más avanzado que los anteriores reptiles; y es el momento que comenzó a poblarse con familias primates. Después siguió el Plioceno[2], con una fase de prolongadas sequías, donde surgió nuestro arcaico ancestro, el proto-homínido, precisamente cuando las glaciaciones se sucedían una detrás de la otra, concentrándose grandes volúmenes de agua oceánica que alteraban la configuración de los continentes.

Se conoce una remota Edad de Hielo paleozoica, con varios ciclos de 40,000 a 100,000 años. Alrededor de 30 glaciaciones han tenido lugar en el Cuaternario. Desde hace 15 millones de años, el clima comenzó a deteriorarse por causas inéditas, entrándose de lleno en los ciclos glaciales e inter-glaciales que conocemos.

En el hemisferio norte, las glaciaciones se han repetido por más de 2 millones de años, siendo la última la que concluyó hace 10 mil años.

La capa de hielo sobre el continente de la Antártida se formó durante un enfriamiento hace 14 millones de años. Desde hace 3 millones de años, cuando se inició el Pleistoceno, ese continente enfrentó un deshielo donde se hallaba libre de glaciares y con intensa actividad volcánica, para luego volverse a congelar.

Se ha considerado que tanto el período Plioceno como el siguiente Pleistoceno, (la actual edad geológica que vivimos) fueron accidentes en la turbulenta historia del planeta. A partir de 2.5 millones de años atrás, las glaciaciones se intensificaron para entrar en la extraña etapa presente de constantes fluctuaciones climáticas, de glaciales y calentamientos.

Las glaciaciones se alternan con cortas fases inter-glaciales de algunos milenios; en el último millón de años han tenido lugar cuatro grandes glaciaciones (Günz, Mindel, Riss y Würm) y tres de-glaciaciones, a partir de las cuales han sobrevenido por lo menos ocho ciclos álgidos, separados por cortos interludios o inter-glaciales de temperaturas incluso más calientes que las actuales. Al principio, los intervalos de glaciales e inter-glaciales duraban unos 40,000 a 50,000 años, pero, luego esta periodicidad varió reduciéndose el número de glaciaciones, pero alargándose su ciclo de frio intenso en más de 100,000 años y cortándose el de los inter-glaciales con temperaturas calientes.

Los períodos inter-glaciales, relativamente benignos como el actual, como promedio han durado unos 20,000 años para luego volverse a enfriar violentamente. Por otro lado, los climas inter-glaciales cálidos han estado punteados a su vez por cortos períodos de edades de hielos. El nivel de los océanos y, consecuentemente, de las plataformas terrestres ascendería y descendería con cada congelamiento y con cada deshielo.

El penúltimo deshielo tuvo lugar entre el -125,000 y el -110,000, donde se manifestaron temperaturas más tórridas que las presentes; esta fase cálida duró alrededor de 20,000 años, después de la cual se presentó un agudo enfriamiento que se inició hace 100,000 años atrás. La intensidad de la siguiente glaciación, la que coincidió con el homo de Neandertal, alcanzó su punto máximo en el -75,000, donde desaparecieron prácticamente los bosques de las latitudes intermedias y ciertas especies de animales.

En los últimos 40,000 años el clima helado del planeta se ha calentado por lo menos en diez ocasiones. Hace 20,000 años, cuando parte de la masa oceánica estaba congelada y el nivel del mar marcaba 425 pies por debajo del actual, el delta del río Nilo se adentraba 30 millas en el Mediterráneo; esta feraz región se fue encogiendo a medida que el nivel del mar fue ascendiendo. Del -25,000 al -17,0000 la configuración de los continentes era muy diferente a la actual, pues el nivel de los océanos era entre 100 y 150 metros por debajo del actual.

La brutal glaciación Würm, donde fue difícil la subsistencia humana, llegó a su clímax hace 20,000 años, cuando el nivel del mar era 425 pies más bajo que el actual; ello permitió la unión de la masa continental siberiana con Alaska, la fusión de las islas del sudeste asiático y la conjunción de Australia y Nueva Guinea en el llamado continente Sahul.

Se calcula que alrededor de 40 millones de km3 de hielo se hallaba depositado en los continentes polares; un enorme casco de hielo tapaba gran parte de Europa, América del Norte y el océano Atlántico hasta España; otra capa de 3 kilómetros de espesor cubría Canadá, extendiéndose hasta Nueva York.

Otro manto cubría la Península Escandinava y todo el norte de Alemania, Polonia y Rusia. El golfo de México era más pequeño y el Mar del Norte no existía; Indonesia era mucho mayor y árida, y las selvas del Amazonas y del Congo eran sabanas.

El deterioro climático

Desde hace 1.75 millones de años hasta hace 12 mil años, la Tierra experimento un prolongado período de enfriamiento -la Edad de Hielo- dividida en cuatro períodos glaciales intercalados con cuatro inter-glaciales. Durante los períodos glaciales, la temperatura promedio de la Tierra disminuyó, sobre la cual grandes hojas de hielo se formaron y fluyeron sobre las vastas masas de tierra de Norte América, el norte de Europa y Siberia.

Pequeños glaciares se formaron en las regiones montañosas de África tropical, el sur de Europa y el sur de Asia. Durante los períodos inter-glaciales, la tierra se recalentaba y el glacial se retiraba. La más reciente capa de hielo en Europa fue el glacial Würm, que ocurrió entre hace 75 y 12 años. Durante este período, una vasta capa de hielo de más de una milla de grueso se extendió desde el círculo polar Ártico hasta una línea aproximadamente definida por el paralelo 51, estrechándose a través de Inglaterra, el norte de Alemania, Polonia y el sur de Rusia. Dentro del período Würm se dieron dos sub-períodos llamados "estadial" intercalados con dos "inter-estadial".

Los estadiales representan el punto máximo hacia el cual la línea glacial penetró hacia el sur, mientras los inter-estadiales representan una retirada parcial. Los sub-períodos más importantes para nuestra investigación son el Würm I inter-estadial, hace 50,000 a 40,000 años, y el Würm II estadual, hace 40,000 a 20,000 años. Nosotros proponemos que la evolución del caucásico estuvo decisivamente impactada por los cambios ecológicos de la edad de hielo del período Würm medio, hace 50,000 a 20,000 años.

Como el posterior episodio Pleistoceno que vio la aparición del humano; esta fue también una época de levantamientos continentales, de gradación de la temperatura polar al ecuador, cuando se produjo una crisis en la evolución de la vida que culminó en la invasión final de las tierras por los reptiles vertebrados. Más significante para nuestro futuro es que esa etapa envolvió la aparición de unas criaturas transicionales, los reptiles mamíferos, de los cuales somos remotos descendientes, que luego se cubrieron de pieles, sangre caliente y control de la temperatura del cuerpo, todo lo cual, en su momento, les permitiría tener la hegemonía del planeta.

Durante 1 millón de años el ser humano -como un huérfano tropical- deambularía por los meandros helados del planeta, cubriéndose escasamente de las violentísimas lluvias que azotaban su hábitat. Los grupos que poblaron la masa continental eurasiática se verían empujados por los hielos hacia el Sur, obligados a dispersarse en grupos más pequeños.

Con estos precedentes, el humano estaba llamado a desaparecer como especie, junto a sus formidables compañeros y enemigos, como el tigre diente de sable y el oso cavernario, lo mismo que las plantas que le servían de sustento. Por una de esas inusitadas incógnitas del Universo, el humano libró una lucha desesperada contra la amenaza de extinción y logró sobrevivir de forma increíble a una de las fases climáticas más crueles de un mundo que se desvanece.

En uno de los acontecimientos más impresionantes de la evolución planetaria y, poco antes de quedar sepultado en el hielo, cuando se hallaba a merced de los milenarios inviernos hoy casi borrados de nuestra memoria, el humano se hizo del fuego, acto que le posibilitaría, primero, detener el precipicio de extinción por donde se deslizaba y, segundo, subsistir como un género marginal de una época inusual en la historia, como el retoño genuino de los glaciales.

La humanidad misma constituye uno de esos grandes misterios. Nuestra especie surgió y se expandió en un tiempo de grandes extinciones. Somos los increíbles sobrevivientes de un mundo que se desvaneció; el producto final de una época poco usual en la historia del planeta en la que pereció el 60% de los animales, a merced de los milenarios inviernos del período Pleistoceno, que se han perdido en nuestra memoria, y cuyo conocimiento data de sólo un siglo; un tiempo en que los hielos glaciales dominaban un tercio de la superficie terrestre y hacían descender terribles inviernos en todo el globo; era un mundo de violentos terremotos a escalas catastróficas, donde se conformaron cadenas montañosas y fosas marinas en uno de los episodios más violentos de la historia tectónica planetaria.

Los diluvios

Los anales geológicos manifiestan que tuvieron lugar no uno sino varios "diluvios universales". La teoría del diluvio repentino comparece en los mitos y memorias folclóricas ancestrales de casi todos los pueblos, pero su acontecimiento no fue como literalmente se describe en el *Génesis* bíblico. Los fines de las edades de hielo han implicado devastaciones no solamente de tipo climático o dilúviales, sino también de actividad ígnea en el interior del planeta.

Los grandes desiertos del planeta exhiben huellas de haber sido habitados y cultivados. En una portentosa catástrofe el lago interno del Sahara, conocido como Tritón, se desaguó en el océano Atlántico, y creó ese monumental desierto.

Para el 10,000 a. C., en pleno interglaciar que nos es contemporáneo, aconteció un brusco congelamiento en menos de un siglo, conformándose nuevamente los gigantescos casquetes de hielo en los continentes y en las cumbres montañosas. Un milenio después se destapó otro deshielo, entonces de forma acelerada, llevando a los océanos a sus alturas presentes. A esta última fase, acaso, pertenecen los relatos de diluvios recogidos en el folclore de casi todos los pueblos.

La violenta glaciación Würm comenzó a ceder hace sólo alrededor de 17,000 años, primero de forma lenta, para luego precipitarse en su última fase que concluyó en el -12,000, cuando retrocedieron las láminas de hielo existentes sobre vastas partes de los continentes; de hecho, se elevaron las temperaturas al igual que el nivel de los océanos, inundándose amplias porciones de tierras y compareciendo los desiertos.

Es un enigma cómo finalizó abruptamente la glaciación Würm, en colosales torrentes de aguas desheladas, y con ella toda la cultura del Cromañón. Así, recién hace 12,000 años se vive en el período inter-glacial conocido como el Oloceno[3]. A partir de esta nueva benignidad climática comenzó el progreso de nuestra civilización desde Egipto, el Medio Oriente y China, y toda la conformación geográfica contemporánea; en otras palabras, estamos en una civilización inter-glacial.

El comportamiento de los océanos ha sido el de cubrir y retirarse de las superficies terrestres debido a que en el curso del tiempo han fluctuado globalmente el nivel de las aguas y la elevación de las tierras. El ascenso y descenso oceánico no fue lento ni gradual, todo lo contrario, se ha producido de esta manera súbita y catastrófica.

Durante el Cretáceo, las inundaciones continentales fueron de una magnitud igual que la sucedida al principio del Paleozoico, donde la mitad de la superficie terrestre actual permanecía por encima del nivel marino: África y Europa se hallaban cubiertos de agua.

Las exorbitantes inundaciones marinas han dispersado material sólido hacia todas direcciones y brindan las muestras de una inundación global de hace pocos milenios, por ejemplo, en Escocia, en Monte Bolca cerca de la Lombardía italiana, en Turingia y en el Saar[5]. Así, montañas de piedra, arena, gramilla y arcilla forman un inmenso amasijo en Rusia, Polonia y Alemania.

Tanto los cantos rodados como los enormes bloques de piedra se localizan en todos los rincones del planeta, (Finlandia, Polonia, el Báltico, los Cárpatos, Canadá, Labrador, en el este norteamericano en los estados de Michigan, Ohio, etcétera); muchos alcanzan 13,000 toneladas, y el de Malmo en Suecia es de 3 millas de largura y 200 pies de diámetro; verdaderos monumentos geológicos de tales cataclismos.

El deshielo de mayor magnitud registrado fue el que aconteció hace 14,000 años en los montes Altái de la Siberia; en los finales de esa última Edad de Hielo un enorme iceberg se desplazó perpendicularmente por el Valle de Chuja y al descongelarse creó un mar interno de 3,000 pies de profundidad; eventualmente los hielos que contenían esta masa líquida se quebraron y las aguas se derramaron por toda el Asia central a una velocidad de 640 millones de pies cúbicos por segundo; con ello se iniciaba una larga cadena de inundaciones que azotaron el planeta en ese período.

No halla explicación la inmersión oceánica de Europa occidental a fines del último glacial; el florecimiento de plantas tropicales, como las palmas, y de animales de clima cálido en las regiones polares o el de un océano en el Estado de Michigan; los depósitos de corales tropicales en el Mediterráneo, en la franja polar de América del Norte, en Alaska, Canadá y Groenlandia.

Estos cambios no pueden haber ocurrido salvo que el planeta enfrentase una disrupción de su órbita, de su eje o de su campo magnético. Durante el último deshielo, el Mar Ártico y el Océano Pacífico inundaron importantes porciones norteñas de continentes, barriendo con bosques y población animal.

Para el -10,000, en pleno inter-glacial contemporáneo, tuvo lugar un brusco congelamiento en menos de un siglo, que conformó nuevamente los gigantescos casquetes de hielo en los continentes, pero un milenio después se destapó nuevamente el deshielo, esta vez de forma acelerada llevando a los océanos a sus alturas presentes. A esta última fase, acaso, pertenecen los relatos de diluvios que se recogen en el folclore de casi todos los pueblos.

Los anales geológicos en todo el planeta manifiestan que han tenido no uno sino varios "diluvios universales". La teoría del diluvio repentino comparece en los mitos y memorias folclóricas ancestrales de casi todos los pueblos, aunque el mismo no aconteció como literalmente se describe en el Génesis bíblico.

El diluvio fue propuesto por el geólogo William Buckland[4], a inicios del siglo XIX, como un ejemplo de catastrofismo de alcance global, que alteró seriamente voluminosas porciones de la flora y la fauna en el planeta. Sus rastros pueden ser atestiguados en lechos rocosos, enormes bloques de piedra arrastrados por cientos de millas, cavernas y valles por toda la masa continental de Eurasia, en el descongelamiento abrupto de los glaciales alpinos y de las masas congeladas en Inglaterra y en la península escandinava.

Los diluvios registrados durante las edades glaciales no son los únicos acaecidos en el planeta y muchas de las alteraciones en los niveles oceánicos durante las glaciaciones no están conectados con las mismas.

Aún se discute cómo las placas heladas se desplazaron de las regiones tropicales del África hacia la región polar del sur, y cómo en el Hemisferio Norte, éstas masas heladas se movieron en la India, del ecuador al Himalaya; por qué en la última Edad de Hielo los glaciales cubrieron el norte de América y Europa, mientras el norte del Asia permaneció libre de ellos.

Las mudas climáticas

El período Pleistoceno también ha presenciado algunas extinciones masivas, como la de los mamíferos, también como un ejemplo evidente de selectividad casual, tanto de lugar como de tiempo; la combinación de un clima inestable, por un lado, y la disrupción ecológica ubicaron a los mamíferos terrestres de considerable dimensión como los candidatos para la extinción.

Los continentes de Australia y de América, así como la isla de Madagascar fueron asoladas en mayor medida que el resto de la superficie terrestre. Estas mudas climáticas, ambientales y de recursos alimenticios, provocaron la desaparecieron de mamíferos como el mastodonte, el mamut, el tigre diente de sables, el rinoceronte lanudo. Así, la superficie de Europa, previamente saturada de vegetación tropical y hordas de elefantes, hipopótamos descomunales y carnívoros gigantes, desapareció repentinamente bajo un vasto manto de hielo que borró tanto planicies como valles, lagos y mares[6].

En América del Norte, docenas de especies se esfumaron, como el pequeño rinoceronte bicornio, especies de bisontes, el caballo con uñas, los cisnes gigantes, especies de pájaros; igualmente perecieron los diversos tipos de mamuts y mastodontes, mejor adaptados y más evolucionados y perfeccionados que su congénere el elefante actual.

Como una regla general, la fauna tropical ha resultado la más vulnerable. En las vastedades desoladas de los mares y superficies polares congeladas se han descubierto los residuos de enormes bosques petrificados; incluso fósiles de leones han sido hallados en Alaska.

Este drástico cambio climático tuvo lugar bajo circunstancias misteriosas en Siberia y provocó la instantánea expiración por congelamiento de los grandes paquidermos, incluyendo a los mamuts, atrapados intactos en bloques de hielos y en cuyos estómagos se exhiben hierbas y hojas aún no digeridas; lo que sugiere que estas hordas fueron víctimas de una extendida catástrofe que les congeló abruptamente. Las islas siberianas, además, revelan grandes depósitos de animales tropicales, como elefantes, rinocerontes y demás.

Todo ello sucedió cuando Europa entraba en su edad neolítica y el Egipto pre-dinástico atravesaba la Edad de Bronce. Estos aniquilamientos no se dieron por falta de alimentación o producto de una evolución orgánica inadecuada, o falta de adaptación o una competencia feroz. Especies más capaces y otras menos adaptadas, nuevas o viejas, con una abundancia de alimentos exorbitante, perecieron inexplicablemente.

En muchas instancias, los peces de especies extintas estaban mejor desarrollados y más avanzados que en las especies sobrevivientes, incluidas las actuales; entre los mamíferos también, muchos de los géneros más perfeccionados se extinguieron.

Es difícil imaginar que fueron los puñados de grupos humanos, dispersos, con apenas lanzas y dardos quienes aniquilaron a tan vasta masa de animales en todo el planeta, y por otra parte los cambios climáticos por sí sólo no son suficientes para dar cuenta de la increíble fauna pleistocena. Las extinciones no tuvieron lugar solamente bajo condiciones de competencia por la sobrevivencia, sino

162

como es común creencia entre los evolucionistas, también a situaciones catastróficas.

En nuestro período inter-glacial prevalece un clima suave, y absurdamente se le ha calificado como una era separada, el Holoceno. La última edad de hielo es un ejemplo de dramáticas transmutaciones climáticas del planeta las cuales tuvieron una influencia directa en la historia humana.

Pero, las variaciones climáticas no finalizaron con la Edad de Hielo del Cuaternario[7]; se ha demostrado que en los últimos milenios se produjeron grandes cambios y fluctuaciones catastróficas en el clima terrestre.

Hace unos 4,000 años se originó una pequeña glaciación, como se demuestra en los Alpes, en la edad de los deltas del Misisipí y del Bear, de las cataratas del Niágara y de Saint Anthony en Minneapolis. Este intenso y rápido congelamiento a fines del neolítico, hizo descender el nivel de las aguas entre 20-25 pies, engrosando las placas de hielo de la Antártico y de Groenlandia[8].

Aunque, en anteriores períodos de glaciaciones pleistocenas los océanos han estado 200 metros más bajos, en la actualidad, paradójicamente presentan uno de los niveles más inferiores de la historia planetaria; sin embargo, en los últimos siglos han ido ascendiendo en ciertas porciones a medida que los hielos polares continúan descongelándose; en su viaje, Darwin apuntó que la costa chilena del Pacífico se elevó más de mil pies en fecha reciente[9]; asimismo ocurrió con las islas de Hawái.

En la Edad de Bronce europea, durante la misma época, extensas inundaciones devastaron las aldeas conformadas alrededor de los lagos[10].

El Mar del Norte y el Mar Báltico parece que adquirieron su actual conformación en períodos modernos; en Escandinavia, la última reducción abrupta de temperatura (Klimasturz) marcó el fin de la Edad de Bronce y los estudios en los cambios de la flora, destacan un cuadro de precipitada catástrofe climática, demostrando que la Edad de Hielo no es tan remota como se ha argumentado, y que la geología pos-glacial europea resultó en parte contemporánea con el Egipto histórico.

En casi toda la Península Escandinava el nivel marino ha ido descendiendo paulatinamente debido a que esa masa terrestre se va alzando pues aún se está de-compresionando del colosal peso que la aplastó cuando la cubría un casquete de hielo de varios kilómetros de alto.

En los últimos dos milenios nuestro clima ha variado a veces de manera brusca. En los siglos VIII y VII a. C., tuvo lugar una intensa catástrofe climática en el centro y norte de Europa; en ambos casos, los lagos, especialmente de la franja alpina, Alpes Suizos, Tirol, Baviera y alrededor del Jura y la península escandinava, perdieron su posición horizontal debido a intensos disturbios tectónicos y el descongelamiento de los glaciales.

Los cambios geográficos

Así, en nuestros tiempos pos-glaciales, se sucedieron cambios importantes en la geografía planetaria. El Océano Atlántico inundó las costas de Europa del norte[11]. Lagos como los de Ess-see y Federsee se secaron, y las hordas de animales y de hábitat humanos desaparecieron provocándose la trashumancia de los cimbreos y los celtas. Pero los pasos de los Alpes se obstruyeron y todo ello un poco antes de que los romanos conquistaran esas latitudes.

Tenemos que los inviernos del siglo XIV detuvieron la colonización de los vikingos al oeste del Atlántico. Entre 1450-1840, en las bandas norte continentales, azotaron severos inviernos que llevaron a calificar esa etapa como la Pequeña Edad de Hielo. Para inicios de este siglo Estados Unidos comenzó a perder sus espaciosas praderas y sus intensas lluvias.

A partir de la década 1960 el clima del planeta inició un cambio menos benigno, extendiéndose las sequías en el África central; ahora son más habituales los inviernos crudos; en California a los prolongados períodos de sequía siguen las temporadas de lluvias excesivas; en Europa, los inviernos son más secos y los veranos más calurosos.

El humano ha tomado como natural las actuales condiciones geo-climáticas; pero la historia de la Tierra ha sido una de extensos períodos glaciales y breves etapas inter-glaciales, como la contemporánea, desatados por los constantes vaivenes en la inclinación del eje magnético planetario y de la órbita solar, que se ve perturbada por la gravitación de otros planetas.

Todo parece indicar que este clima estable y benigno que hemos disfrutado en los últimos 12 milenios es sólo una pequeña excepción en la norma de un planeta que ha sido más frío que cálido. Lejos de la común creencia la llamada Edad de Hielo no se ha desterrado para siempre, sino que estamos disfrutando de un intermedio caliente, pues las zonas boscosas y selváticas tropicales se conformaron hace 6 ó 7 milenios.

Las edades de hielo no han concluido, y es de aguardar una nueva sobre la parte norte de los continentes. Es de esperar un próximo avance de los hielos que algunos fijan en pocos milenios y otros estiman para menos de un siglo. De sumergirnos en un enfriamiento repentino no contaríamos con la tecnología adecuada para enfrentar tal fenómeno, desconociéndose hasta qué punto sucumbirían países, ciudades, instalaciones industriales y económicas e implicando un costoso retroceso de nuestra civilización.

Por largos períodos históricos el clima dependió naturalmente de los movimientos de las placas continentales, el volumen oceánico, las regiones glaciales, el tamaño de las superficies y las variaciones periódicas de la órbita circular y del eje terrestre.

El planeta se ha significado por estos cambios dramáticos a los cuales se han adaptado ciertas especies de animales y vegetales, mientras otras perecieron. Nuestro clima planetario ha oscilado por millones de años entre prolongados glaciales y breves interludios cálidos y húmedos; a escala de tiempo terrestre, los cambios de uno a otro estadío han sido bruscos. Por eso, mucho se especula sobre qué precipita las edades de hielo.

Los mecanismos solares

Para nadie es un secreto que en la antigüedad prevalecía una mayor preocupación y conciencia de los posibles desastres procedentes del cosmos. La visión mítica y religiosa -demonios de fuego y de ángeles procedentes del cielo, aniquiladores de la humanidad- tiene raíces en las hecatombes extra-terrestres que en nuestro devenir hemos enfrentado, de ahí que en la antigüedad los cometas eran considerados concentraciones de demonios.

Los astrónomos babilonios como los del imperio celeste chino mantenían una incesante vigilancia, entre otras razones, intentando detectar cuándo la Tierra iba a ser objeto de asolaciones provenientes del cielo.

Entre las causas que se manejan sobre las glaciaciones figuran los efectos de las manchas solares, el bloqueo de la luz solar, extensas nubes de polvo cósmico y variaciones en la órbita terrestre alrededor del Sol.

El eje de rotación de la Tierra no siempre ha mantenido la misma posición; y, una masa en rotación no varía su eje a no ser que una fuerza externa la precipite. En todo el planeta se encuentran formaciones rocosas con la orientación polar invertida[12], como muestra indiscutible que en diversas ocasiones se ha revertido el campo magnético.

El detalle más atónito del paleo-magnetismo es que las rocas con el polo invertido muestran una carga magnética de 10 a 100 veces superior a la que normalmente deberían presentar, llevando al criterio de un cambió en el eje y la polarización bajo la influencia de un campo magnético externo de considerable intensidad.

Cada 200,000 años nuestro campo magnético se desorganiza cuando realiza su proceso de reversión, dejando descubierto el planeta a los bombardeos protónicos de los rayos solares. En los últimos 2.5 millones de años esto ha acontecido en diez ocasiones; y tales mega-dosis de radiaciones intermitentes debieron tener un efecto significativo en el desempeño evolutivo.

Los récords geológicos de fines del Pre-cámbrico evidencian cómo el campo magnético de la Tierra era sólo un 10% del actual. No se entienden las razones de las variaciones del campo magnético en el curso de millones de años, pero cuando el mismo es débil, las partículas del viento solar penetran en la profundidad de la atmósfera repercutiendo en el clima como el protón y los electrones

Tales fenómenos del planeta, así como la excentricidad de la órbita terrestre, la reversión polar y la precesión de los equinoccios hasta ahora no hallan una explicación racional y sólo pueden atribuirse a pasadas catástrofes aún no identificadas.

La brusca inversión del eje terrestre, con su desplazamiento de océanos, desgarramientos de la corteza terrestre, diluvios y glaciaciones sin dudas determina la desaparición de muchas especies y géneros de animales, tanto en la superficie como en los fondos oceánicos, y reduce la civilización a la ruina total.

Por eso no puede negarse que la órbita terrestre ha enfrentado sinnúmeros de perturbaciones insignificante en el curso del tiempo, y no son diáfanas las razones por la cual esto sucede, pues lo más lógico resulta que los mismos se hallan mantenido constante.

Problemas orbitales

Después de todo, la pauta orbital de nuestro planeta Tierra se halla afectada por las alteraciones en su rotación debido a las fricciones con la Luna y el Sol, las oscilaciones en las órbitas de los planetas vecinos y por los cambios de distancia con la Luna.

Desde inicios del período Fanerozoico tiene lugar la disminución anual de los días solares y de los meses lunares, y ello sugiere que las paralelas orbitales del planeta siempre han diferido. Por ejemplo, la erupción del volcán El Chichón ha causado una leve alteración, de milisegundos que en el curso de los millones de años futuros será suficiente para alterar nuestra órbita de manera substancial.

Por otra parte, la constante reducción de la revolución terrestre, provocada por las mareas lunares u otros fenómenos, fue patentizada por el astrónomo Edmund Halley en el siglo XVIII, al cotejar los datos de los eclipses solares desde los anales babilónicos y faraónicos, demostrándose que la Tierra rotaba más rápido hace 2,500 años. Así, la extensión de los días se incrementa por 2 milisegundos en cada siglo. En ese proceso se está perdiendo energía hacia la Luna, la cual se escurre de nuestra órbita en una espiral obtusa.

Por ejemplo, a medida que retrocedemos en la historia del planeta hace 400 millones de años, hallamos un año con más días que el actual (400 días), pero con días de 22 horas puesto que la rotación se ha enlentecido gradualmente como resultado de las fricciones lunares. También existen argumentos para creer que la Luna no ha mantenido una distancia constante de la Tierra, y ello se refleja en la computación del mes lunar, que era de 30 días y no de 28, como en la actualidad.

La órbita terrestre es un eclipse que contiene una pequeña excentricidad, un ligero movimiento lateral sobre un período de 100,000 años, haciendo variable su distancia respecto al Sol, como si un impulso exterior alterase su balance. Así, el plano ecuatorial terrestre no es inmutable y el ángulo de su oscilación llega a ser de seis grados.

El eje terrestre no sólo se halla inclinado, sino que lleva a cabo un balanceo que dura 26,000 años, una recesión que cambia las fechas del solsticio tanto de invierno como de verano y los equinoccios alrededor de su órbita; esta manifestación era conocida por los griegos antiguos y fue explicada en detalle por Isaac Newton.

En la actualidad, el planeta Júpiter está ejerciendo atracción sobre la Tierra, alargando su órbita lo suficiente lejos del Sol como para desatar una nueva y terrible Edad de Hielo. Esta tendencia de alargamiento orbital y de inclinación del eje magnético está produciendo veranos y cosechas más cortas, inviernos más largos y fríos y sequías más extensas.

El patrón de conducta de los glaciales e interglaciares parece que están generados por estos cambios de la órbita a los cuales se agrega la interacción oceánica y atmosférica. Existen evidencias de que esta influencia no sólo produce los ciclos glaciales sino también el de los monzones.

En el período que va de -12,000 y -5,000 el planeta se hallaba inclinado un grado más que el actual, recibiendo más calor en el verano y menos en el invierno, en una banda de latitud muy amplia. Pero ello, deja sin explicación una de las características de los glaciales, el hecho que se presentan y desaparecen de forma precipitada y simultánea en ambos hemisferios planetario.

Se han estudiado utilizando los isótopos radioactivos las fluctuaciones de los campos magnéticos terrestres, preservados en grandes segmentos de lava congelada, mostrándose que la dirección de su polaridad se ha revertido episódicamente, donde el norte magnético se ha transfigurado en el sur magnético y vice versa. Se alude a que las glaciaciones, producto de los impactos extra-terrestres, también provocan la reversión de los campos magnéticos terrestres.

Tras conformarse los casquetes polares, la alteración en la rotación de la corteza y del manto entroniza una anomalía en el movimiento del núcleo líquido, trastornando al dínamo geo-magnética responsable de su escudo magnético exterior. El debilitamiento del escudo magnético, aunque por breve tiempo, posibilita que los rayos cósmicos inflijan considerables daños genéticos.

Uno de los misterios del planeta resulta la no existencia de edades de hielo en su remoto pasado; resultan inadecuadas todas las hipótesis de un congelamiento gradual del planeta o de una lenta variación del momento angular del eje provocadas por causales internas[13]. Además, el desplazamiento de los polos por sí solo no explica la formación de las placas de hielo; se requiere un colosal proceso de calentamiento para descender en más de 300 pies el nivel oceánico.

En algunos círculos de astrónomos se esgrime la teoría de que el espacio por donde se ha desplazado el Sistema Solar no siempre ha gozado de una temperatura baja y estable. A ello se añade que el Sol es una estrella variable con altas y bajas en sus emisiones de calor y radiación.

Al ser la Tierra un enorme magneto, su rozamiento con nubes de polvo o gases cósmicos (de hecho, un campo electromagnético), producía efectos térmicos capaces de variar el eje y la velocidad rotacional terrestre; la energía del movimiento al transformarse en calor u otras formas energéticas[14] tendría a su vez efectos secundarios radiactivos y en consecuencia térmicos.

Tras la evaporación y condensación a gran escala de masas oceánicas, y el consecuente bloqueo de luz solar, derivaría un enfriamiento y la lógica precipitación de nieve en latitudes de climas atemperados. Como hemos analizado anteriormente, esta secuencia de calor y frío se produjo en rápida sucesión[15].

170

En el relato del Critias de Platón, los sacerdotes de Sais le explican a Solón: "Mil destrucciones de hombres se han verificado de mil maneras y volverán a suceder: las mayores por el fuego y el agua y las menores por una infinidad de otras causas. Lo que también se refiere en nuestro país (Grecia), que Faetón, hijo del Sol, colocó un día los arreos a los caballos de su padre y los enganchó al carro y no pudiendo conducirlos por la misma vía (órbita), incendió todo lo existente sobre la tierra y él mismo pereció abrasado por el rayo.

Esta historia humana tiene el carácter de una fábula; pero lo que es verdadera tiene lugar con el cambio de movimiento de los cuerpos celestes alrededor de la Tierra y en el cielo, así como la destrucción por el fuego de todo lo existente sobre ella, lo que ocurre después de largos intervalos de tiempo. Cuando se presentan estas circunstancias, sucumben los habitantes de las montañas y en general de los lugares elevados antes que los que residen a orillas de los ríos o del mar. A nosotros nos salvó de esta calamidad el Nilo, nuestro protector de siempre, desbordándose".

Civilización y catástrofe

En la antigüedad existía mayor conciencia de posibles desastres cósmicos que hoy día; los sacerdotes sumerios y babilonios consideraban a los cometas como mensajeros de la destrucción.

Las erupciones volcánicas, los diluvios, los terremotos y el choque de un bólido extraterrestre han sido la causante del desplome de ciudades y civilizaciones antiguas, una de ellas conocida como el mito de la Atlántida, narrada por Platón, así como la destrucción de Atenas, la conocida del Golfo de Corinto, el terremoto de Antioquía que causó la

171

muerte de 250,000 personas, la desaparición de las urbes romanas de Herculano y Pompeya, el hundimiento de la ciudad de Port Royal en Jamaica y otras.

En una conmoción natural sin paralelos en los anales modernos o en los conceptos sismológicos, también sucumbieron simultáneamente las civilizaciones minoica, la segunda ciudad de Troya, la urbe sumeria de Ugarit la villa de Alaca Huyuk, la de Alisar, de Tarsus, de Tepe Hissar en Asia Menor, la ciudad de Biblos en el período antiguo de Egipto, incluidas en un radio de colosal extensión (Asia Menor, Mesopotamia, el Cáucaso, Irán, Chipre y el valle del Nilo); ahí se hundió la antigua Edad de Bronce en el área, fenómeno que hasta el momento no ha sido explicada[16].

La irrupción de Atila, el Huno, a las puertas de la Roma imperial, que marcó en ese siglo V el fin de tal civilización, fue simultánea a una catástrofe espectacular producida, por un cometa según los astrónomos españoles, cuyo paso fue registrado igualmente por los astrónomos chinos; por su parte los británicos señalaron que tal evento trajo la ruina total de Bretaña.

En diversas partes del planeta existen anales que describen cómo en la mitad del segundo milenio Ane tuvo lugar una catástrofe de carácter global que por las descripciones parece ser fue provocada por el poderoso campo magnético de un cuerpo celeste, que truncó violentamente las civilizaciones existentes, perturbando a todas luces el eje terrestre y revertiendo su velocidad angular de rotación.

Es a partir de ello que tales civilizaciones cambian sus calendarios y que sus dioses principales se describen como planetas en posesión de rayos y fuegos que lanzan sobre la Tierra, como el Zeus de los griegos, el Odín de los islandeses, el Ukko de los finlandeses, el Perún de los rusos paganos, el Wotán germano, el Mazda de los persas, el Marduk babilónico y el Shiva hindú.

De acuerdo con los papiros egipcios en un sólo día sucumbió todo el Imperio Medio faraónico, sucumbió; la gran civilización comercial del Creciente Fértil se detuvo y la del Asia occidental inició una profunda decadencia; las poblaciones se redujeron dramáticamente y la vida nomádica reemplazó a las ciudades. Toda la civilización védica del valle del Indo con sus ciudades fortificadas, concluyó precipitadamente en el -1,500, al parecer mediante una vasta catástrofe natural.

En Egipto, Palestina, Asia Menor, Grecia, el Mediterráneo oriental, el Cáucaso y la comarca fronteriza ruso-persa la transición de la Edad Media de Bronce a fines del tercer milenio, a la edad final de Bronce en los inicios del segundo milenio, fue marcada por un escalón tan abrupto (terremotos, erupciones volcánicas simultáneas, cambios climáticos) que interrumpió todas las secuencias estratigráficas y cronológicas.

En los anales de los antiguos etruscos se reflejan las épocas divididas por colosales devastaciones[17]. Los griegos tienen tradiciones similares; el filósofo Aristóteles se refirió a los diluvios y a los *kataklysmos* que incendiaron al mundo y discutió el tema de la reversión de la revolución celestial presentado anteriormente por Pitágoras[18], al igual que Plutarco, quien refiriéndose al cometa Tifón se manifestó sobre la confusión de las estrellas, los erráticos rumbos del Sol y el caos en las estaciones.

Por ejemplo, reputados autores griegos como Anaxímenes y Anaximandro, Diógenes de Apolonia, Heráclito y Aristarco de Samos relataron que las hecatombes del mundo eran periódicas, cada 10,800 años; Aristarco ya había reconocido que la Tierra, conjuntamente con otros planetas, orbitaba alrededor del Sol. También los estoicos presentaron la noción de que el mundo se había regenerado luego de conflagraciones regulares, enumerando entre ellas el choque con cuerpos celestes[19].

Hesíodo escribió sobre cuatro épocas y cuatro generaciones de humanos que fueron aniquilados por la ira de los dioses contra el planeta, siendo la tercera la Edad del Bronce[20]. El himno griego de Orfeo, describiendo esa etapa, expresa que cuando el firmamento vomitó incluso el Olimpo tembló de miedo y la tierra se estremeció[21].

En sus *Diálogos* Platón debate sobre los tiempos que tuvo lugar el cambio en la puesta y ocaso del Sol, así como de otros cuerpos celestes; y cómo en aquella época el Sol se ponía donde hoy desaparecía; y Platón continúa consignando que en ciertos períodos el Universo tenía su actual movimiento pero que en otros ciclos se desplazaba en dirección opuesta.

La reversión solar

Comentando sobre esta reversión del tiempo, Platón afirmaba en el *Timeus* que esto se producía a causa de una catástrofe universal que afectaba a la Tierra, la cual se envolvía en una sucesión de movimientos convulsos oblicuos, hacia adelante y atrás, hacia la izquierda y la derecha, que exterminaba con casi todo lo viviente[22].

El filósofo Platón, al igual que el astrónomo Higinius, asoció esta conflagración con el cometa Faetón y con el cambio de posición de los cuerpos celestes cercanos a la Tierra; tanto Platón como Solón argumentaron que la destrucción no se circunscribió sólo al mundo Mediterráneo y asiático conocido, sino que la isla de la Atlántida, ubicada más allá de las Columnas de Hércules, se hundió a causa de este siniestro.

De igual manera la reversión del movimiento del Sol está referido por griegos anteriores y posteriores a Platón. En el drama histórico de Sófocles, *El Atreus*, el Sol aparece en el este, después de que su curso fue revertido por Zeus[23]. También, Eurípides escribió en Electra cómo Zeus hizo que las estrellas cambiasen de dirección y el Sol retrocediese[24]; Por su parte, Estrabón discutió el canje en la puesta del Sol[25].

Asimismo, el filósofo y dramaturgo griego Séneca, en su drama *Thyestes* ofreció una descripción de cuando el Sol se mudó hacia la dirección opuesta en el cielo de la mañana y se quejó de la reversión de los polos; Séneca explicó que esta catástrofe alargó el año solar y amplió la órbita de la Tierra, donde el eje polar ahora se orientaba hacia la Estrella del Norte, la Osa Menor[26].

Un grupo de autores clásicos se refirió al cambio de posición de la Tierra, entre ellos Diógenes Laercio, Leucipo, Plutarco, Demócrito, Empédocles, Anaxágoras, Séneca. Llama la atención también que todos los templos construidos antes del siglo -VII, dedicados al Sol y supuestamente orientados hacia donde este se levanta en la mañana, están orientados hacia el oeste, lado por donde actualmente el mismo se pierde, mientras los construidos después de los cataclismos señalados, miran hacia el este.

Los griegos del tiempo del sabio Cleóbulus computaban el año de 360 días; aunque ya para los días de Tales, posterior al siglo -VII Ane, los helenos habían introducido los 5 días adicionales.

El historiador latino Caius Julius Solinus suscribió que en los días de Ogyges, después del diluvio, una espesa noche cubrió todo el universo[27]; Solinus también mencionó que los habitantes del sur de Egipto hablaban de que en tiempos de sus ancestros el Sol se ponía donde hoy se perdía en la tarde.

Refiriéndose al mismo hecho, el historiador Plinio expuso que esta dislocación terrestre se produjo por la acción de un cometa que llamó Tifón. Otros autores latinos como Lydus, Servius, Hephaestion y Junctinus describieron también a este cometa como un globo de fuego inmenso, de color rojo, que causó e interrumpió la puesta y caída del Sol[28].

El también historiador latino Pomponio Mela hizo referencia directa a fuentes escritas egipcias que narraban de cuando las estrellas habían cambiado de dirección en el firmamento, por lo menos cuatro veces, y el Sol había permutado de lugar un par de veces[29].

El poeta latino Ovidio compuso un largo himno sobre la debacle que trajo el cometa Faetón, el cual hizo que los días no tuviesen Sol, tornó en desierto a Libia, hizo hervir las aguas de los ríos Don, Rhin, Rone, Po, Tíber, Nilo, Éufrates, Ganges y Danubio y cambió de lugar a la Tierra[30]. En tiempos de la fundación de Roma por Rómulo, en el siglo VIII Ane, el año romano contenía 360 días, periodicidad que tuvo que ser cambiada; la famosa "reforma de Numa".

La tradición en Islandia, contenida en los *Edda*, habla de nueve mundos que desaparecieron en sucesión[31]. Por su parte, la epopeya finlandesa, el *Kalevala*, enuncia cómo en esos días de revolución cósmica el firmamento se tornó rojizo, trozos de hierro cayeron del cielo y el Sol y la Luna desaparecieron; el *Kalevala* reseña también las sombras tenebrosas que envolvieron el planeta cuando en esa ocasión el Sol se extravió de su senda acostumbrada[32].

La mitología siberiana de los tártaros del Altái nos recuerda de una desgracia en esa fecha, cuando el mundo se encarnó y luego siguió el desastre universal[33].

Tanto las fuentes hebreas como egipcias faraónicas citan al mismo suceso donde la noche se extendió por varios días. En la *Biblia*, específicamente en el Libro de Joshua[34] hay un pasaje que detalla un engendro cósmico con inmensos desastres que provocó la paralización del Sol y de la Luna. Asimismo, la concepción rabínica de las edades cristalizó en el período posterior al exilio judío babilónico, donde se narra que el mundo se conformó luego de que había sido destruido siete veces, con siete universos (Eretz, Adamah, Arka, Harabah, Yabbashah, Tevel y Heled) cada uno separado entre sí por abismos, caos y diluvios[35].

Las fuentes rabínicas aluden a este viento salvaje que por siete días envolvió en la oscuridad toda la Tierra; este pasaje se confirma en los jeroglíficos de El-Arish. En el viejo *Midrashim* se plantea repetidamente que durante cuatro veces el Sol fue forzado de su curso y las varias semanas que transcurrió el Exodo[36].

En el *Tractate Sanedrín* del Talmud se asegura que siete días antes del diluvio, Dios cambió el orden inicial y el Sol entonces emergió por el oeste y desapareció por el este[37]. El Cuarto Libro de Ezra, que integra fuentes anteriores, se refiere al fin de las estaciones[38]. Tanto en el Deuteronomio, en el Génesis como en los Números se habla del mes hebreo de 30 días y del año de 12 meses.

El egipcio *Ipuwer*, testigo de tal catástrofe la pormenorizó en su papiro, exponiéndola como la causa que terminó con el imperio medio de los faraones y que ubicó en el último mes del año[39]. El papiro *Ipuwer* hace un planteamiento idéntico, de cuando la tierra se viró en redondo como una rueda.

Los egipcios, en lo adelante, nominaron el día número 13, cuando se inició tal cataclismo, como un período de luto, donde Horus guerreó contra Set[40]; asimismo, los hebreos, como el calendario cristiano, ubicaron el día 13 como el de los terremotos, dando origen a la mitología supersticiosa de este número en todo Occidente.

En la segunda mitad del siglo V Ane., el historiador griego Herodoto relata su conversación con los sacerdotes egipcios, donde éstos le refirieron la existencia de dinastías faraónicas mucho más viejas que las recogidas por la historia, en épocas cuando el Sol nacía por el Occidente y el eje terrestre había cambiado de dirección 25,800 años atrás[41]. En los textos descubiertos en las pirámides se habla de cuando el Sol cesó de existir en occidente y comenzó nuevamente en el oriente[42].

El célebre papiro egipcio "*Harris*" menciona la conmoción cósmica de agua y fuego, cuando el sur pasó a ocupar el lugar del norte y la Tierra se volteó completamente[43]. Asimismo, en el papiro del Ermitage[44] se hace mención de la catástrofe que hizo cambiar de posición a la tierra, de arriba hacia abajo.

En la tumba del personaje Senmut, el insigne arquitecto de la faraona Hatshepsut, hay un panel en el techo donde se halla la esfera celestial con los signos zodiacales y las constelaciones que conocemos, pero en una orientación inversa[45] a la actual. El papiro *Anastasi IV* contiene lamentos del escriba sobre la ausencia de la luz solar, de los inviernos que suplantaron los veranos y el desorden en los meses y las horas[46].

La revolución de las edades

Al igual que los hebreos y los babilónicos, así como el resto de las antiguas culturas, el año egipcio era de 360 días; en los días del Ptolomeo Euergetes tuvo lugar una reforma del calendario[47] para "armonizarlo con el presente cambio del mundo"; los cinco días adicionales ya se habían agregado a los calendarios egipcios desde fines de la dinastía XVIII, como apuntó Herodoto.

Fue tras la caída del llamado Imperio Medio del Egipto faraónico que los invasores nómadas Hicsos introdujeron un nuevo calendario solar de 360 días, el cual contenía más días que el egipcio. Entre las tribus sudanesas del sur egipcio existe igualmente la tradición de que hubo tiempos inmemoriales en las cuales un fenómeno universal hizo que la noche parecía no tener fin[48]. *El Corán*, libro sagrado de los musulmanes, también discute sobre las cuatro puestas sucesivas del Sol en la historia, dos por el este y dos por el oeste.

Averroes, el filósofo islámico del siglo XII abundó sobre los desplazamientos orientales y occidentales que había tenido el Sol[49]. Los astrónomos caldeos estaban al corriente que nuestro sistema planetario conocido no era fijo y se producían cambios en sus posiciones y órbitas; asimismo lo consideraban los astrónomos y filósofos griegos. Ha sido sólo a partir de unos cuantos siglos que en Occidente tuvo al Universo como fijo e inmutable.

En la epopeya sumérica de Gilgamesh[50] se da cuenta del mismo prodigio de tormentas y fuegos, donde los días desaparecieron en las noches; otras tablillas babilónicas recogen esta perturbación cósmica, donde se presenta un mundo que se torna rojo por acción de Tiamat, el planeta-Dios del firmamento, en su batalla con Marduk[51].

Luego de tales eventos, en todo el Medio Oriente, se introdujo un nuevo calendario. En palabras del babilonio Mars-Nergal, la Tierra se movió sustancialmente de su sitio. Los viejos calendarios babilónicos estaban basados en un año de 360 días, medida que les sirvió para dividir el círculo; los asirios tenían un año de 360 días y meses de 30 días, de creciente a creciente.

Luego del desastre apuntado anteriormente, en el período neo-babilónico, fue modificada a 365 días; las tablillas astronómicas babilónicas recogen el cambio que tuvo lugar en la duración del día solar, de 14 horas y 2 minutos a 14 horas, 10 minutos y 54 segundos.

Los textos iraníes *Anugita* y el *Bundahis* explican que la edad universal concluyó con una larga noche luego de fieros cataclismos entre las estrellas y los planetas, haciendo que las semillas no germinasen en un mundo sin Sol[52]. También fueron aceptadas por el profeta Zaratrusta, en el *Avesta* (Zend-Avesta), la sagrada escritura del mazdeísmo, la antigua religión de los persas[53].

De acuerdo con el *Brahmán Yast*, a fines de la edad universal (entre Irán y la India) el Sol se mantuvo estático, durante diez días, en el firmamento. También, el antiguo calendario persa estaba compuesto de 360 días, y posterior al siglo -VII, cinco días suplementarios (Gatha) fueron agregados al calendario[54].

Los libros sagrados hindúes, el *Bhagavata Purana*, el *Ezour Vedam* y el *Bhagan Vedam* se extienden también sobre las cuatro épocas del planeta y sobre los cataclismos que las dividieron, en los cuales la humanidad fue arrasada[55].

179

Los Veda, por su parte, reiteran el tema de un huracán cósmico que provocó diluvios; asimismo, en esos tiempos en el texto matemático *Aryabhatiya*, el año tenía 360 días, que dividían en 12 meses, mientras la creciente lunar estaba fijada cada 15 días.

A través de la obra astronómica la *Surya-Siddhanta*, los hindúes aclararon cómo tras la "revolución de las edades" se introdujo una diferencia en el tiempo, alargándose el año a 365 días. En este mismo texto se demuestra que ya los hindúes conocían la circunferencia terrestre a partir de la declinación de grados solares y la revolución del planeta en su eje; en esta obra se aborda el conflicto de las catástrofes siderales que han afectado profundamente el planeta en tiempos inmemoriales[56].

Un sinnúmero de tablillas astronómicas hindúes, esta vez compuestas por los brahmanes, en la primera mitad del primer milenio Ane, muestran una desviación uniforme de la esperada posición de las estrellas en los momentos que se hacía la observación[57].

En textos del *Jaiminiya-Upanisad-Brahmana* encontramos la misma consideración que Séneca hizo en su *Thyestes*, sobre la Osa Mayor. Las fuentes hindúes concluyen que la Tierra realizó una recesión de 100 yojanas (500 a 900 millas) de su anterior órbita[58].

En las creencias bengalíes y en las del Tíbet persiste una narración análoga, de cuatro eras seccionadas por catástrofe[59]. El libro sagrado budista, el *Visuddhi-Magga* contiene un capítulo consagrado a los ciclos de devastaciones universales, con la aparición de nuevos soles cada vez; asimismo hace varios apuntes sobre la reversión de la rotación terrestre y la falta de distinción entre el día y la noche. Este compendio budista a su vez incluye a otro más arcaico: el *Discurso de los Siete Soles*[60].

En la vieja enciclopedia de los antiguos chinos, el *Sing-li-ta-tsiuen-chou*, son registradas las convulsiones catastróficas suscitadas por mecanismos cósmicos y se nominaba kis a las épocas que finalizaban violentamente, que para ellos habían sido diez. La enciclopedia Sing pormenoriza el último desastre universal donde el océano se desbordó sobre la superficie terrestre, las montañas se formaron por el levantamiento súbito del terreno, los ríos cambiaron de curso, los humanos y animales perecieron y toda traza de ese período quedó borrada[61].

Los textos taoístas reflejan memorias de cómo las cuatro estaciones no observaron su orden; en los anales de Se-Ma Tsien descrito en el *Shu-King*, se detalla cómo el emperador envió a sus astrónomos para observar los nuevos movimientos del Sol y de la Luna, y las variaciones de los puntos orbitales, con el objetivo de organizar el orden de las nuevas estaciones[62].

El autor taoísta Hoei-Nan-Tze en su voluminoso tratado cita la forma en que el Sol y la Tierra abandonaron sus caminos y los cinco planetas se perdieron de sus rutas[63].

En el prefacio del *Shu-King* atribuido a Confucio se alega que durante el reinado del emperador chino Yahou, una estrella brillante procedente de la Constelación Yin, provocó un cataclismo colosal que puso fin a todo lo que los humanos habían construido y durante diez días el Sol se perdió en el horizonte[64]. El diluvio de Yahou es contemporáneo con el de Deucalión y el Ogyges, milenio y medio Ane; apunta el *Shu-King* que el río Amarillo solamente provocó un millón de muertes.

La noche perenne

De la misma manera los astrónomos chinos abordaron el problema de cómo el movimiento de las estrellas y del Sol, de este a oeste, era un acontecimiento reciente. Es de notar que los signos zodiacales chinos, provenientes de una época remota, tienen la extraña peculiaridad de presentarse en una dirección retrógrada, es decir, contra el curso del actual movimiento del Sol[65].

En el año 721 a.C., el emperador Hiuen-Tsong encomendó al astrónomo Y-Hang que era imposible la predicción de los eclipses debido al cambio en el orden del cielo y en el movimiento de los planetas, y por lo tanto se requería una reforma del calendario.

En los mitos cosmológicos japoneses el dios del Sol se escondió por largo tiempo en una caverna, temeroso de un planeta-dios de las tormentas, dejando que la Tierra fuese devastada en plena oscuridad[66]. La crónica japonesa *Nihongi* hace mención del período de noche perenne, cuando la desolación cayó sobre la Tierra.

Los aborígenes de Borneo del norte proclaman que anteriormente el cielo era más bajo y que seis soles habían perecido y que en el presente el mundo estaba alumbrado por el séptimo Sol[67]. En las islas del Pacífico, especialmente Hawái y Polinesia, se recitan epopeyas de nueve calamidades cósmicas y creaciones sucesivas, donde cada era disponía de un cielo diferente[68].

También los maorís hablan de cuando Tawhiri-ma-tea, el padre de los vientos sumergió la tierra en los océanos y la oscuridad. Los esquimales de Groenlandia comunicaron a los misioneros que en etapas lejanas la Tierra se volteó del otro lado, y los pueblos que vivían entonces se transformaron en antípodas[69].

También entre los incas, mayas y aztecas se mencionan distintas edades de la Tierra que concluyeron debido a desastres cósmicos; la más vieja de tales inscripciones, un fragmento del calendario pétreo de Yucatán, se refiere a los cataclismos generales que en largos intervalos convulsionaron la Tierra[70].

Los códices mexicanos y los autores indios que reconstruyeron los anales pre-colombinos concedieron un pasaje prominente a las hecatombes universales que aniquilaron la humanidad y modificaron la faz de la Tierra; para ellos, la vida se manifestó cuatro veces[71].

El Sol que se movía de oeste a este era llamado por los indios Teotl Lexco, al que representaban acompañado de terremotos y diluvios terribles. La transmutación solar de este a oeste estaba combinada con la reversión de polaridad del Norte al Sur, donde las constelaciones sureñas aparecerían por el septentrión y las estrellas del norte devenían en las del Sur.

El escritor amerindio Fernando de Alva Ixtlilxochitl (1568-1648) en sus compendios sobre los reinos de Tezcuco, representó las edades del Universo con el nombre de los soles: el Sol del agua, el Sol de los terremotos, el Sol de los huracanes, el Sol del fuego.

De acuerdo con el cronista Francisco López de Gómara, las naciones Callhua o mexicanas, en sus jeroglíficos concebían al Sol que los alumbraba como el cuarto, marcando las edades en las cuales los humanos se habían extinguidos por conflagraciones universales[73].

Los *Anales Mexicanos de Cuautitlán*, escritos en lengua nahua, y basados en fuentes pre-colombinas, contienen una sección sobre las siete épocas solares o ciclos de dramas cósmicos[74]. Este portento de la dilatación de la noche, al otro lado del globo terráqueo está descrito en los anales mexicanos y por el *Codex Chimalpopoca*, refiriéndose a una catástrofe cósmica en ese pasado remoto, donde el Sol desapareció por largo tiempo.

En los mayas, el nacimiento de cada nueva era estaba marcada por el advenimiento de un "nuevo Sol"; los mayas contaban también sus eras con el nombre de éstos consecutivos soles.

El *Manuscrito Quiché* Maya cataloga a este gran cataclismo, donde el movimiento del Sol fue interrumpido; a su vez, el *Manuscrito Troano* de los mayas detalla esta catástrofe cósmica durante la cual los océanos cubrieron las tierras[75]. El libro sagrado de los mayas, el *Popol-Vuh* menciona cómo los dioses arrasaron con las montañas. También, las tradiciones incas recuerdan al dios Contraya-Viracocha elevando cordilleras de las superficies terrestres planas y aplanando montañas[76].

Entre los grandes enigmas referidos por astrónomos, textos e intelectuales antiguos de todas las civilizaciones desaparecidas, se halla este fenómeno catastrófico proveniente del cielo, que devastó casi toda la humanidad y que estableció una historia sincronizada, un origen común astral de las religiones antiguas, el nacimiento del monoteísmo, tradiciones comunes de pueblos separados por miles de millas. Entre los misterios figura la transmutación de posición del Sol (más bien de la Tierra), la prolongación del año solar de 360 a 365 días, el cambio de las estaciones, los erráticos movimientos de Venus.

De acuerdo con la astronomía moderna, los únicos eventos que tuvieron lugar con el planeta han sido: la precesión de los equinoccios o los lentos desplazamientos del eje polar que describe un círculo cada 26,000 años. Pero ello es insuficiente para explicar el cambio en la posición de las constelaciones que tuvo lugar en todas las civilizaciones antiguas en el siglo -VII, y que el filósofo Séneca estableció tan detalladamente.

Se han realizado observaciones en vasijas de barro cocido etruscas y griegas del siglo VIII a. C., donde se demuestra que en esa fecha tuvo lugar una reversión de los polos magnéticos del planeta; la inclinación del punto magnético en las partículas de hierro, contenidas en el barro cocido indican el más cercano polo magnético[77].

El catálogo de las catástrofes

Acostumbrados como estamos a reputar de invariable la actual mecánica celeste de nuestro Sistema Solar, nos puede asombrar cómo en estos mitos, en estas tradiciones, inscripciones y crónicas de la antigüedad se hable de un Sol, anterior al presente que se ponía por el lado contrario, es decir por el oeste, demostrando que la Tierra no se hallaba en la misma trayectoria orbital contemporánea, ni sus polos y la dirección de su eje.

Llama la atención que estos eventos catastróficos de tales magnitudes y extensamente documentados no estén referidos en los textos históricos, en especial si existen copiosas muestras de la magnetización de rocas ígneas que acreditan la polarización divergente a la que prevalece hoy día, indicando una polaridad del planeta diferente en tiempos geológicos recientes.

En el catálogo de catástrofes hay que incluir tanto a las plagas como las hambrunas que han azotado a la humanidad, causadas por el desbalance ecológico y las irregularidades climáticas, con sus secuelas de colapso social, político y del orden moral, como las narradas en los pasajes bíblicos, los de la Grecia y China arcaica, la Europa medieval, la Inglaterra de los Tudor, la de Irlanda en el siglo pasado, la Rusia estalinista, las de Bengala en 1943, las de China comunista y las actuales de África.

El cúmulo de la actividad humana contemporánea rivaliza el proceso de la naturaleza que construyó y ha mantenido floreciente nuestra biósfera. Entre el 20% - 40% de la productividad primaria del planeta, desde la fotosíntesis vegetal marina y terrestre, está hoy apropiada por los humanos. La porción global de nitrógeno y fósforo disponible biológicamente y dedicado a la fertilización u otros usos químicos agrícolas rivalizan en cantidad la movilizada por la naturaleza.

Podría darse una contracción de nuestro espacio vital ante la alteración drástica del ecosistema, vía contaminación o elevación térmica ambiental, de la misma manera resulta peligroso el bombeo sistemático de carbono a la atmósfera, que ya afecta a la capa de ozono.

Los huecos macroscópicos en esta capa de ozono han sido creados por el clorofluorocarbono. El óxido de carbono causado por el procesamiento de la energía fósil y de las selvas tropicales, conjuntamente con otros gases, están variando la composición de la atmósfera terrestre.

A partir del siglo XVIII el contenido de dióxido de carbono en la atmósfera se ha incrementado en un 20%, elevándose la temperatura 0.5 grados en este siglo; de continuar tal ritmo, el contenido de CO_2 atmosférico se duplicará en el próximo siglo, trayendo consecuencias catastróficas, como el deshielo de vastas regiones polares, elevando el nivel de los océanos.

En la actualidad, producto de la civilización humana está teniendo lugar una extinción catastrófica en la variedad de especies animales y plantas en un volumen superior y más rápido que los ocurridos anteriormente en el planeta. Para el primer cuarto del siglo XXI, se perderán cerca de 2 millones de los 10 millones de especies animales, y unas 65,000 especies de las 300,000 que componen las plantas vasculares.

Ello es alarmante no sólo por razones éticas sino al percatarnos que la biodiversidad de especies y animales del planeta resulta necesaria para sostener nuestro medio ambiente. Ante la velocidad por la cual las especies animales y vegetales están desapareciendo es necesario salvar masivamente sus semillas, embriones o muestras de la piel para recrearlas en el futuro a través de sus *ADN*.

Nuestra ignorancia sobre el número de especies existentes en la actualidad y el impacto del crecimiento demográfico se duplicará inexorablemente en 50 años de mantenerse el actual ritmo, la población mundial. Todo indica que es muy tarde para restaurar el orden natural "contemplativo" homínido, de aspiraciones primarias y equilibrio ecológico, pues habría que sacrificar la mayor parte de la población actual y mantenerse inmóvil demográficamente hasta la extinción de la especie por fuerzas o catástrofes geo-planetarias.

Un arcoíris de organismos extremadamente bien adaptados, como el caso de los dinosaurios, son aniquilados de tiempo en tiempo en ocasión de los

186

abruptos momentos catastróficos, mientras otros menos idóneos, como los mamíferos del Cretáceo, alcanzan la sobrevivencia; esto implica que la evolución de la vida no está pre-ordenada y que el progreso hacia la inteligencia no es inevitable.

Es necesario admitir que pequeños desvíos e inestabilidades han provocado desastres donde el medio ambiente resulta un mosaico complejo y sus moradores se hallan altamente especializados.

Esto se complica si analizamos la cronología del planeta como una contingencia de probabilidades imprevistas, y a la historia de nuestra breve civilización como una secuencia de contingencias, y la vida humana, nuestro propio nacimiento, fruto de resultados improbables infinitesimales, de efímeras eventualidades de gestación.

El desarrollo evolutivo punteado por catástrofes impactantes o volcánicas, que destruyen el hábitat de las especies vivientes provocando su desaparición y mina la versión ortodoxia de un contexto planetario uniforme en el cual los procesos neo-darwinistas, se supone conformaron nuestra biota.

El hábitat y las especies

Si el aniquilamiento masivo fue el resultado directo de una catástrofe, ya sea por un bólido u explosión volcánica, tal evento tuvo que suceder en un tiempo menor que la vida de los organismos vivientes, es decir en menos de un siglo. Sin embargo, si la misma sirvió sólo para poner en crisis el hábitat, las especies en peligro se extinguirían gradualmente en un intervalo de varias generaciones de quizás miles o incluso millones de años.

La ley de Van Valen sugiere que el entorno físico y biótico de un organismo se deteriora aproximadamente de forma constante, y cada tipo de adaptación dispone de un ritmo de extinción propio.

Los ejemplos del proceso segmentado que ha definido el método de trabajo de las ciencias hasta ahora se deben a los descubrimientos del código genético en biología y de la medición geomagnética en geología, el estrecho prisma genético que caracteriza el campo de la evolución biológica en el curso de este siglo, o el de la paleontología para establecer la historia del planeta.

Es necesaria la aplicación de métodos de análisis dinámicos no lineales a los problemas de la geo-ciencia, para relacionar los fenómenos cósmicos con las bruscas alteraciones volcánicas, los corrimientos del manto terrestre, los hechos globales tectónicos, los cambios del campo magnético, las muestras fósiles, y demás.

Aún no podemos explicar cómo escaparemos en el futuro de este terrífico pasado astrológico de hecatombes. El homo dispone aún de 4,000 millones de años para alterar el curso fatal que representa el estallido de su estrella Sol, para, a partir de los planetas exteriores emprender la emigración a otros sistemas planetarios cercanos. Por lo pronto el reto está vigente; o la vida humana se extingue totalmente con nuestra estrella Sol en un plazo de 4 billones de años, o se realiza el esfuerzo por la supervivencia más allá de ese plazo.

Sin proponérselo, a diferencia del resto de las especies animales y vegetales, el humano ya rompió las ataduras psico-bio-económicas que le impedirán plantearse tal disyuntiva; y su impulso a las estrellas es el inicio de su carrera por escapar a la extinción total como especie.

La idea de límite físico es arbitraria ante la realidad del perpetuo flujo de materia desde los organismos vivos. Los tejidos del cuerpo, incluidos los huesos, las grasas y las membranas, se hallan en restauración constante, permutando átomos con el medio circundante.

Complejidad fisiológica

La bio-interacción incluye, entre otras cosas, el oxígeno que inhalamos a lo largo de nuestras vidas, el cual contiene una porción del ya transpirado por el resto de la humanidad en las últimas semanas, y por los animales que poblaron el planeta desde sus inicios.

La complejidad no se limita a la forma en la cual el cuerpo humano se compone a partir de una nube de átomos, a su regeneración constante mediante un intercambio de sus átomos con la naturaleza que nos rodea. La regeneración incesante del cuerpo con el mundo exterior, se levanta en contraste con la ordinaria idea de la muerte, que presume una integridad física, intacta hasta que se inicia su descomposición irreversible y eventualmente retorna a la tierra.

Sin embargo, la muerte no es un proceso tan drástico y simple como lo hemos concebido: no tiene que mediar la muerte para regresar a la naturaleza ya que, en cada momento, una porción de nuestros átomos se restituye al mundo exterior y otra parte es asimilada.

El abismo conceptual entre la ciencia y la naturaleza en la sociedad moderna occidental se refleja en la práctica biomédica. La ciencia médica se ha circunscrito a reparar el mecanismo biológico humano: fragmenta el cuerpo, desconoce su relación con la mente, con la naturaleza orgánica exterior, con el nicho eco-ambiental donde se mueve.

Así, la práctica biomédica firmemente enraizada en el pensamiento cartesiano, de la división fundamental e independiente entre la mente y la materia, rechaza el canje a un discernimiento holístico para la medicina.

Todas las civilizaciones antiguas disponen de una representación del tiempo y se rigen de forma cíclica; el cuerpo goza de una enorme cantidad de procesos con sus propias características cíclicas; esos relojes biológicos no se comportan igual uno del otro.

Todos los cambios en el mundo físico son descritos en términos de dimensiones separadas del tiempo, absolutas, sin conexión con el mundo material de partículas sólidas e indestructibles. Las ciencias naturales, humanísticas y sociales, todas aceptan esta fórmula mecanicista de la física clásica y modelan sus teorías particulares acorde con este gran diseño.

Asimismo, las variables para la biología no pueden ser constantes, sino en base a una complejidad rítmica, lo que hoy se conoce como cronobiología, como los casos de la temperatura del cuerpo, la concentración de sustancias en la sangre, el ritmo cardiaco, la respiración, los ciclos menstruales, los circadianos y demás, que conceden a los organismos una visión dinámica, de entidades rítmicamente organizadas.

En un Universo hológrafo y omni-objetivo, como se dice aparenta ser el nuestro, toda la objetividad estricta agota su potencial.

Hay que ampliar la definición de lo que hasta ahora constituye una evidencia científica. La ciencia debe matizar ese reduccionismo a lo objetivo, esa idea de que la mejor forma de inferir la naturaleza es mediante aquello que nos es ajeno, ese afán analítico y desapasionadamente objetivo.

Enfermedades y curas

Para este prisma clásico, las enfermedades son precipitadas por un error de la máquina–cuerpo, y las curas y tratamientos se concentran en los componentes olvidando al "todo", sin conceder crédito suficiente a la biología, a los micro-organismos, a la evolución de la virulencia acelerada por el propio sistema psicosomático.

Por otro lado, la educación médica contemporánea está restringida por las pautas cartesianas del cuerpo, como un mecanismo fabril, una especie de automatón donde los huesos actúan como columnatas de carga, los músculos en función de muelles elásticos y los tendones como cables.

El filósofo y físico francés Julién Offroy de La Mettrie (1709-1751), defensor del materialismo y exponente capital de la física cartesiana, en su libro *La máquina humana*, describe el organismo humano como un mecanismo de partes que se rigen de acuerdo a los principios de la ingeniería mecánica[1].

Tal aproximación hace caso omiso de un componente vital: la organización celular y molecular de los huesos, músculos y órganos; es decir, la bio-ingeniería corporal.

Para la visión clásica, las enfermedades son causadas por una falla de nuestra máquina-cuerpo, y las curas y tratamientos se concentran entonces en los componentes, olvidando al todo, sin conceder suficiente amplitud a la biología, a la evolución de la virulencia precipitada por el propio sistema psicosomático, a los microorganismos.

La medicina tecnológica moderna encierra una óptica despersonalizadora, donde el reconocimiento del paciente sólo engloba el examen físico, sin incluir a la función de la mente. Esta medicina compartimentada se limita a protegernos de enfermedades y hechos externos, e insiste en causas específicas para enfermedades determinadas, y en el uso único de la farmacología para su tratamiento, desatendiendo el factor humano, la interacción mente–cuerpo, nuestros sentimientos y sus vínculos emocionales.

La mente se ve como un ensamblaje arquitectónico de alambrados donde las neuronas funcionan como cables de electricidad; todo el esquema es concebido como si fuesen sistemas binarios de apagado y encendido.

La medicina tecnológica tiene una noción militarista del conjunto inmunológico, concebido al estilo de un sistema de defensa en contra de invasores y no como un mecanismo de identificación.

Debido a esta parcialidad, se muestra estupefacta ante el espectro de las enfermedades clasificadas como autoinmunes, porque estas se ubican fuera del paradigma inmunológico establecido: en ellas no hay nada que vacunar, no hay bacterias (ejércitos invasores) procedentes del exterior, sino que estamos ante algo insólito: nuestro propio sistema contra sí mismo.

Así sucede con el cáncer o el SIDA[2] que son casos típicos de una "desregulación" de la coherencia fisiológica, un tipo de disfunción ecológica en el sistema complejo del cuerpo humano.

El SIDA no infecta el sistema o provoca la auto-destrucción del sistema inmunológico, sino que precipita y amplifica una de-regulación del organismo, donde el sistema se auto-devora. La solución no radica solamente en una vacuna contra la invasión –lo externo–, que lleva a ignorar la globalidad del organismo, sino la de proveer los anticuerpos necesarios –lo interno–, para que este se recupere y regule nuevamente su coherencia.

A diferencia del mundo moderno, todas las civilizaciones antiguas disponen de una representación del tiempo más acorde con nuestro cuerpo, reconociendo la notable cantidad de procesos cíclicos.

Neuro-ciencia

En los tiempos medievales, la secuencia de mente o materia eran indistinguibles. Para un pensador como René Descartes el mundo era una máquina[3], y los organismos vivos mecanismos de relojería o hidráulicos.

Esta imagen cartesiana dominó la ciencia y actuó como legitimadora de una visión del universo, con la máquina como modelo para los organismos vivos, mientras el "espíritu", como un fantasma de la máquina que residía en la glándula pineal.

Así, se gestó en el pensamiento científico occidental el "dualismo" como dogma, un reduccionismo que llevó a ver al humano como un producto de la dinámica de sus moléculas y al cerebro como una central telefónica. Más reciente, ha sido descrito como una super-computadora.

Pero el cerebro no trabaja con información, estilo computadora, sino con abstracciones complejas y en interacción con su entorno natural y social. Así, la imagen del cerebro ha reflejado los paradigmas de la ciencia y la tecnología de cada periodo.

El continuo crecimiento del cerebro requirió un cambio drástico en la evolución animal y desconocemos si la capacidad cerebral ha llegado a sus límites físicos. El tamaño cerebral de los reptiles en relación a su dimensión corporal da como resultado una línea recta que incluye a los dinosaurios. Sin embargo, la evolución de los mamíferos hace unos 200 millones de años, marcó un salto en el tamaño cerebral.

Esto se debió principalmente al desarrollo del córtex cerebral, específico de los mamíferos. Teniendo en cuenta el tamaño corporal de los monos, su cerebro es dos o tres veces mayor que la media de los mamíferos actuales, mientras que el cerebro humano es seis veces superior.

Las primeras especies de homínidos bípedos evolucionaron hace unos 7 millones de años. Sin embargo, sus cerebros eran relativamente pequeños, a la par con la de los simios. Entonces, hace 2,6 millones de años se produjo una gran expansión con la aparición del *Homo* moderno, con un cerebro capaz de hacer abstracciones y generalizaciones[4].

Max Scheler[5] se hace eco de investigadores que localizan la memoria en el tronco cerebral humano, el cual probablemente es centro de las funciones glandulares endocrinas, y por tanto agente de los procesos corporales y psíquicos. El impulso afectivo es, además, el sujeto —también en el hombre— de esa primaria sensación de resistencia, que constituye el núcleo de toda posesión de "realidad" y "efectividad"; y en especial la raíz de la unidad y la impresión de la realidad, que precede a todas las funciones representativas, como he demostrado ampliamente en otros lugares.

El concepto de estructuralismo condiciona la conducta humana a los sistemas y modelos; contempla el devenir de la civilización en ciclos independientes, y al Universo en un patrón simplista: átomos, moléculas, rocas, planetas, estrellas, galaxias, meta-galaxias, etc. El filósofo Ludwig Wittgenstein, uno de sus exponentes, aceptó finalmente la incapacidad de las ciencias exactas por responder a las catarsis contemporáneas[6].

El estructuralismo tradicional cometerá la misma pifia del marxismo al querer axiomatizar como ciencia real su método analítico y condicionar la conducta social a las estructuras, los sistemas y modelos, sólo para terminar, de forma humillante, disfrazando mucho de lo ya desandado por el viejo positivismo lógico.

Es el caso también de la hoy en boga ingeniería social, que pretende lograr estados psíquicos del individuo y de grupos humanos a través de estímulos cuidadosamente seleccionados; en tal orilla sociológica se afiliarán los postulados de la inteligencia mecánica y artificial que restringen el conocimiento humano a simple variable matemática y de cálculo.

Pero la ciencia cognoscitiva ve al cerebro como una computadora y la mente como el programa interno que manipula la información. Su intención es encontrar y desentrañar el programa, y olvidarse del cerebro; y así con tal programa esperan hacerse del mapa total del cerebro.

La habilidad para coordinar mejor las experiencias y la reflexión abstracta, a través de la aptitud simbólica del lenguaje y la cultura, prueba su ventaja en el éxito del homo, y le faculta recrear su realidad más allá de sus capacidades neurofisiológicas, en especial tras el desarrollo de las matemáticas, el llamado lenguaje de los lenguajes.

Las cualidades que reconocemos como distintivas del homínido no derivan de la batalla por la subsistencia; son todas funciones de la conciencia que se inician tras los primeros peldaños del lenguaje en la infancia.

Aparte de la corteza,

Muchas regiones cerebrales son decisivas para el conocimiento, aparte de la corteza; y la memoria se halla distribuida por toda ella. El misterio más formidable para la neuro-ciencia futura es la habilidad de la organización neuronal del cerebro para actuar de forma totalizante, como una suma.

Las percepciones del tiempo que establecen los relojes exteriores a nuestro cuerpo, nuestro sentido moderno del tiempo y el ritmo de urgencia de la vida moderna provocan que nuestros relojes biológicos se precipiten afectando nuestra salud; que el ritmo de ciertas funciones del cuerpo se aceleren, como el del corazón, la respiración, la presión arterial y las hormonas facilitando enfermedades específicas como las coronarias, presión sanguínea, fallos inmunológicos y elevando nuestra susceptibilidad a infecciones, tumores, etcétera.

Confinar nuestros átomos a las fronteras corpóreas es violar una condición propia de la vida. En un cosmos donde el conciencismo de los físicos afecta la realidad de una partícula subatómica, donde la actitud de un galeno puede afligir o mejorar una dolencia cardíaca, donde la mente de un investigador perfila la forma en que un mecanismo opera, y donde lo imaginable es capaz de configurarse en la realidad física, no podemos proceder con la pretensión de que estamos aislados del elemento que inspeccionamos.

Siguiendo esta línea de pensamiento de la física clásica newtoniana, entonces todos los acontecimientos del Universo están ligados por medio de esta ley de causa-efecto donde el conocimiento de cualquier condición inicial supuestamente nos lleva a predecir cuál es el resultado exacto.

De acuerdo con ese reduccionismo se piensa que, incluso un fenómeno tan complejo como la conciencia, eventualmente se explica en términos de los mecanismos de los sistemas biológicos. Es la visión arrogante de unas ciencias omnímodas y deterministas, que se consideran fuera del sistema, a manera de un observador imparcial capaz de profetizar todos los sucesos.

Ya el filósofo David Hume aventuraba el criterio de que la creencia generalizada en la causalidad se apoyaba en un hábito mental repetitivo, pero que la misma estaba lejos de ser una prueba lógica de lo inevitable.

A través de los hologramas neuronales que su cerebro usa para proyectar y radiar al mundo exterior estructuras psicofísicas, el individuo no distingue entre realidad experimental o realidad imaginada.

Ambas tienen un alcance dramático en el organismo humano y pueden modular el sistema inmunológico, duplicar o neutralizar los efectos de los medicamentos, sanar heridas con rapidez asombrosa, diluir tumores, controlar nuestro programa genético o remodelar nuestra experiencia física.

Las depresiones y la ansiedad perturban profundamente el sistema inmunológico, y comprometen las defensas contra infecciones y el cáncer. Incluso nuestra medida artificial del tiempo se utiliza como criterio de salud mental para juzgar a quienes se hallan desorientados ante el mismo como enfermos psicológicos; y tendemos a ver aquellas culturas cuya noción del tiempo es opuesta a la nuestra como primitivas e incivilizadas.

Mente versus fisiología

La complejidad en la materia y la mente es como las imágenes reflejadas en espejos paralelos, que nunca pueden separarse.

El premio Nobel de física Eugene Paul Wigner[7] estableció que los objetos físicos y los valores espirituales detentan un mismo tipo de realidad[8]. Al igual que los niveles más profundos de la materia están conectados a otra escala, en algún grado las regiones más recónditas del inconsciente colectivo, en algún grado, dependen y condicionan la conciencia insomne.

La actividad de la mente consciente e inconsciente es un resultado de los órdenes y de los patrones a niveles de arquetipos, donde no se puede distinguir entre lo mental y lo material. Así, parte de nuestra mente se halla envuelta en un procedimiento a todas luces insomne fuera del tiempo, y por eso, los hechos aparentemente casuales en nuestra vida diaria en realidad están conectados más allá de la percepción sensorial.

Ante la nueva consideración del cuerpo humano, el de ser un modelo complejo y nunca un dispositivo con mecánica de reloj, la cronobiología irá ganando espacio, no sólo por la danza equilibrada o caótica de sus sistemas sino por la dinámica de las enfermedades y las terapias holísticas.

Las actividades cíclicas arrítmicas, fisiológicas, así como las psíquicas, influyen en el desarrollo y virulencia de los patógenos; por ello, es también fuente de problemas médicos contemporáneos la discrepancia entre nuestra adaptación como especie a lo largo de milenios en armonía con la naturaleza y la actualidad del entorno de vida industrial y urbano que hemos construido, agresor del nuestro físico y de su naturaleza

El misterio más formidable para nuestra razón es que el cerebro no actúa por partes, sino actúa de forma global, complementando sus partes, desmoronando así el viejo modelo mecanicista que presumía un órgano dividido por áreas especializadas en funciones o procesamiento de información.

La actividad en el cerebro es fluida, espontánea y única y responde a estímulos holísticos: de ahí que también nuestras respuestas sean únicas e impredecibles. El órgano cerebral es una red colosal donde no hay un centro, donde las llamadas áreas especializadas son meros términos que representan conexiones.

El vínculo entre la mente que construye las realidades y la dinámica de la vida en el propio Universo nos lleva a investigar la función de complementariedad en la neurociencia. La destreza de la estructura neuronal del cerebro, para actuar de forma global, es el misterio más formidable para esta disciplina.

El dualismo onda-partícula, la complementariedad y la no-localidad del Universo resultarán decisivos para lograr una comprensión de las funciones globales del cerebro. En los humanos los mecanismos del conocimiento están en patrones fijos en substrato neurológico, y son capaces de aprender constantemente.

Aparte de la corteza, muchas de sus regiones son decisivas para el conocimiento, el cual se halla distribuido por toda esta tupida red y no está localizado en un coro magnético específico de memoria.

El cerebelo, antes considerado sólo como un coordinador y controlador de movimientos ya es evidente que acumula además una vasta variedad de respuestas condicionadas muy complejas; por ejemplo, se han localizado cuatro áreas auditivas y no menos de doce visuales[9].

Un grupo de filósofos, incluidos Karl Popper y de neuro-científicos como John C. Eccles afirman que, si bien la mente existe independiente al cerebro, interactúa con él.

Se sostiene que la mente existe en un ámbito fuera del espacio y del tiempo y que el cerebro es una especie de radio receptor que traduce los pensamientos en movimientos corporales[10].

Teorías psico-somáticas

Pero este dualismo no logrará establecerse pues nadie ha demostrado con precisión cómo la memoria se halla representada en el cerebro.

Se generalizan, entonces, dos métodos tradicionales de investigar la mente: el funcionalismo y cognitivismo, por un lado, y la neurociencia, por otro.

En nuestra cultura occidental plena de jerarquías, y a diferencia de la mente, el cuerpo es considerado como una parte inferior, dependiente, incapaz de razonamiento; un mecanismo de sobrevivencia de nuestra especie en su evolución ascendente, donde las partes del cuerpo poseen funciones automáticas.

En nuestro prejuicio por construir e interpretar el mundo a partir de la causa y del efecto se maneja el concepto erróneo de la mente como núcleo del pensamiento y se descarta que el resto del organismo posea conciencia.

Por otro lado, la conciencia es reducida a procesos electro-químicos, meros derivados de la función física. Pero la neuro-fisiología ha comprobado con horror que la extirpación de una zona cerebral –en casos críticos de epilepsias–, no siempre interrumpe la comunicación entre el cerebro y el organismo.

Las teorías psico-somáticas fracasan al prestar poca atención a la conciencia, a la mente, o reducirla a elementales procesos electroquímicos, como un derivado de la función física. Asimismo, está demostrado que el autocontrol y los estados mentales pueden incitar cambios en la percepción sensorial, como la impresión del dolor, o actuar contra las enfermedades[11].

A pesar del poco caso que el sector médico presta a ello, ya se acepta que el apoyo social, familiar, el factor humano es un factor que mejora el mecanismo inmunológico y el neuro-endocrino del paciente[12].

Muchos humanos buscan una terapia mental y la tranquilidad espiritual en la contemplación de la naturaleza, que es precisamente irregular y fractal, y no en el enclaustramiento físico entre las rígidas formas geométricas euclidianas, que en múltiples casos provocan síndromes neuróticos.

Las ideas del nacimiento y mortalidad, de la longevidad y enfermedades que se erigen en la era maquinista se consideran parte de un tiempo y una realidad externa.

Por eso, la vida humana se divide también en pasado, presente y futuro y es regida cronométricamente, alterando nuestros ciclos naturales fisiológicos de comer cuando hay hambre, de dormir cuando hay sueño, sexuales, etcétera.

Con independencia de cómo funciona ese mundo, hemos tratado de sobre-imponer nuestra versión, a partir de una perspectiva limitada de nuestra racionalidad tridimensional y su visión de sólo una ínfima sección del Universo. Así, nuestro sentido común está basado en nuestras experiencias sobre este medio limitado que nos rodea, y nos hace difícil reestructurar drásticamente nuestros conceptos, como lo exige la actual física cuántica.

Respondemos a nuestro entorno de forma automática, pero si el entorno que provoca esas respuestas varía, entonces debemos aceptar que nuestros argumentos son inadecuados, al no poder variar.

La herencia genética no es la causal para las conductas del humano y para cada aspecto de su realidad. Pero tal suceso no implica que la cultura reemplace a la herencia genética, o que esta última no desempeñe un papel en el comportamiento humano, como la variación de colores visuales, el olor, la selección gustativa, la habilidad numérica y espacial, la memoria, la aptitud perceptiva, la adquisición del lenguaje y demás.

Si la sociedad y la cultura resultan programaciones de nuestros genes, ellas fueron también inducidas por nuestro entorno natural.

El que los fundamentos de la naturaleza y de todo el Universo se nos muestren incomprensibles a niveles cuánticos no se debe sólo a la forma errónea que hemos organizado nuestro raciocinio con los reduccionismos de la lógica, sino también a que estamos atrapados en un horizonte tri-dimensional, frente a un Universo de incontables dimensiones.

La conciencia

Sin dudas la inteligencia de los seres vivos es el resultado del impulso por establecer su intercambio con la naturaleza circundante. Aquí entra en juego la molécula del *ADN*, el centro controlador del desarrollo celular y a la vez el transmisor del código genético; en suma, una verdadera super-biblioteca de información.[13]

Asimismo, la interacción entre las sensaciones y los conceptos abstractos del homo no hallan un símil en el resto de las especies, que solo atinan a lograr representaciones simples. Lo cual nos lleva de mano a considerar que la transmisión de la inteligencia se debe a factores exteriores del Universo.

Arthur Schopenhauer[14] ve la nota esencial que diferencia al animal del hombre exclusivamente en que el animal no puede llevar a cabo esa negación "salvadora" de la voluntad de vivir, que el humano verifica en sus ejemplares supremos; negación que es para Schopenhauer, como para su maestro Friedrich Ludwig Bouterweck, la fuente de todas las "formas superiores" de la conciencia y del saber en la metafísica, en el arte, en la ética de la compasión, etcétera.

Paul Alsberg, un discípulo del filósofo Arthur Schopenhauer, muy justamente reconoce que ningún carácter morfológico, fisiológico o psicológico-empírico puede justificar la convicción general que tiene el mundo culto de que existe una diferencia esencial entre el humano y el animal[15].

Así, Alsberg amplió la doctrina de Arthur Schopenhauer, sosteniendo que el "principio de la humanidad" reside exclusivamente en que el hombre ha sabido eliminar los órganos de la lucha por la vida y conservación del individuo y de la especie, en beneficio de la herramienta, del lenguaje y de la formación de conceptos; Alsberg reduce todo ello a la eliminación de los órganos y de las funciones sensibles según el principio —formulado por Ernst Mach— del máximo "ahorro" posible de contenidos sensibles[16].

Si bien es imposible demostrar que la historia del homo incidiera en su naturaleza biológica, es muy arriesgado aventurar el criterio que todo lo logrado en su civilización no es transmisible hereditariamente.

Aunque, no se ha demostrado que el humano tenga disposiciones genéticas para heredar las características culturales de las generaciones anteriores. Un corte en la transmisión de las mismas, lo llevaría a una regresión a estadios primitivos.

Lo que ha provocado la creación de todos estos términos es el conocimiento que hemos adquirido de la forma singularísima en que los pueblos primitivos desaparecidos o aún existentes concebían o conciben el mundo y la naturaleza. Tales sociedades primitivas pueblan al mundo con un número infinito de seres espirituales, benéficos o maléficos, a los cuales atribuyen la causación de todos los fenómenos naturales, y por lo cual creen que no sólo el reino vegetal y el animal están animados y tienen conciencia, sino también el mineral, en apariencia inerte[17].

¿El conocimiento humano posee la certeza de haber adquirido la verdad? No sabemos hasta qué punto el humano es diferente biológicamente al resto de los animales, pues el factor conciencia, algo innato de la naturaleza humana, debe establecer la diferencia.

Esto comienza a ser una realidad en el momento de la creación universal y en los vínculos complementarios del espacio y el tiempo, de las ondas y las partículas, entre los campos físicos, entre las estructuras atómicas, de las moléculas bio-orgánicas con las inorgánicas, en el intercambio de electrones, en las profundidades de los cuanta y los campos.

En la realidad que vivimos el mundo está formado por nuestra conciencia. Nunca podremos conocer cómo está constituido el mundo si prescindimos a priori de nuestra conciencia y de sus formas. Pues tan pronto como tratamos de conocer las cosas, las introducimos, por decirlo así, en arquetipos de la conciencia.

Es decir, no sabemos cómo es una manzana hasta que la vemos, y su arquetipo se instala en nuestra conciencia. Ya no tenemos, entonces ante nosotros, la cosa en sí, sino la cosa como se nos aparece, o sea, el fenómeno.

El sujeto y el objeto, el pensamiento y el ser, la conciencia y las cosas sólo resultan una dualidad aparente, y no se entiende ahora como una diferencia de dos entes, sino como una distinción de dos términos, una unidad, dos aspectos de una misma realidad que se requieren para el acto del conocimiento: el sujeto y el objeto pueden ser una y la misma cosa, como sucede cuando el humano se conoce a sí mismo.

Lo que se presenta a la mirada empírica como una dualidad es una unidad para el conocimiento metafísico, que llega a la esencia. Dondequiera que se encuentre el conocimiento y la adecuación, allí se da la verdad.

Conocimiento natural

La pregunta resulta entonces si el conocimiento humano asimila la cosa en sí de un modo absoluto, o es relativo a los estados contingentes del individuo, o se aprende solo a sí mismo. En el uso común de los antiguos escolásticos la conciencia era el conocimiento por el cual aprendimos nuestros actos y el mismo sujeto del acto; según el uso de los filósofos modernos la conciencia es cualquier entendimiento de cualquiera cosa en tanto la misma sea conocida.

El problema epistemológico se halla también fuera de la esfera lógica, así ni la psicología, la lógica, o la ontología pueden resolver el problema del conocimiento.

Si este fuera como enseñaba el estagirita Aristóteles, una reproducción de los objetos, los cuales poseen formas y naturalezas propias, entonces sus conceptos fundamentales, sus categorías sí representan propiedades generales de los objetos, es decir, cualidades objetivas del ser.

Si, por el contrario, como señala Emmanuel Kant, el pensamiento produce los objetos, entonces las categorías resultan puras determinaciones del pensamiento, formas y funciones a priori de la conciencia.

Kant supuso que las formas son solo ideales, o sea, inmanentes al conocimiento, al sujeto cognoscente[18]. Para Kant los juicios sintéticos a priori son posibles precisamente por las formas a priori, por los conceptos puros del intelecto; la matemática es posible por las formas a priori del espacio y el tiempo: la geometría por el espacio, la aritmética por el tiempo; la física por "los conceptos puros del intelecto".

En el conocimiento se da siempre la inmanencia del acto o la inmanencia psicológica; pero puede darse la trascendencia del objeto, o sea, la trascendencia gnoseológica. El conocimiento se nos aparece como aprensión de algo externo, de algo fuera del alma.

La fusión del conocimiento con el objeto exterior, la naturaleza circundante requiere de la idea-energía como puente de tal dualismo. Y ello nos da la ilusión de que el "objeto" exterior posee propiedades fundamentales propias, que no trascienden del conocimiento. Idea falsa desbaratada por la física cuántica.

El humano en cuanto cognoscente y el objeto en cuanto conocido se identifican, porque el humano es cognoscente al transferir su conocimiento al objeto, que se hace objeto a partir de una actividad cognoscitiva, en cuanto forma el cognoscente intencionado.

Pero, la descripción del fenómeno no es su interpretación o explicación filosófica. Lo que acabamos de señalar es lo que la conciencia natural entiende por conocimiento, que puede ser erróneo.

No es absurdo suponer que el pensamiento produzca el objeto inconscientemente, pues que "el yo" supone "al no yo" (o sea, al mundo o la naturaleza) en un estado pre-consciente; por eso el conocimiento normal o consciente no constituye el objeto, sino que lo presupone. Así, toda cosa como creada por "el yo" es pura actividad.

No se habla en conceptos abstractos, sino en representaciones concretas. Esta concepción se encuentra en la Antigüedad principalmente, en el budismo, en el neoplatonismo y en el gnosticismo.

Según esto, no existe identidad o igualdad entre la conciencia cognoscente y la realidad absoluta, pero sí una coordinación de determinados elementos del ser fenoménico al ser en sí de las cosas, en la cual descansa la objetividad del conocimiento, la posibilidad de un conocimiento universalmente válido de los mismos objetos por los más diversos sujetos.

Hemos visto que, según la concepción de la conciencia natural, el conocimiento consiste en forjar una "imagen" del objeto; y la verdad del conocimiento es la concordancia de esta "imagen" con el objeto.

Imagen y conocimiento

Pero averiguar si esta concepción está justificada es un problema que se encuentra más allá del alcance del problema fenomenológico cuyo método sólo puede dar una descripción del fenómeno del conocimiento. Sobre esta base hay que intentar una explicación e interpretación filosófica, una *teoría* del conocimiento.

Pero también se ve en seguida que la lógica no puede resolver el dilema del conocimiento. La lógica investiga los entes lógicos como tales, su arquitectura íntima y sus relaciones mutuas. Como ya vimos, la lógica inquiere en la concordancia del pensamiento consigo mismo, pero no con el objeto.

La psicología dirige su mirada al origen y curso de los procesos psicológicos. Pregunta cómo tiene lugar el conocimiento, pero no si es verdadero, esto es, si concuerda con su objeto, y es que la cuestión de la verdad del conocimiento se halla fuera de su alcance.

No pregunta cómo es el método psicológico y no le importa cómo surge el conocimiento, ni se interesa en cómo es posible el conocimiento, sobre qué bases y qué supuestos supremos descansa. Es una gran incertidumbre el hecho que los fenómenos psíquicos humanos no son la resultante de los fenómenos fisiológicos del cerebro.

El conocimiento humano no se limita al mundo fenoménico de nuestras percepciones, sino que avanza más allá, hasta la esfera metafísica, para llegar a una visión filosófica del Universo.

Los impulsos conscientes que constituyen la "razón humana" a partir de la actividad cerebral, la búsqueda de una verdad propia diferente a la de la naturaleza y su medio, llevaran al humano a cuestionar todas las leyes y sus propiedades universales.

Los patrones dinámicos de las neuronas generados por la mente son las bases de las representaciones de nuestra realidad, y emergen en un instante específico en el desarrollo de un cosmos conectado y relacionado en todas sus partes, como demuestra el famoso teorema del matemático John S. Bell.

La temporalidad (el momento de su aparición) y la localidad (planeta Tierra) de este hecho que es nuestra conciencia, como parte no aislada de la globalidad cósmica, evidencia que anterior a la formación del homo, ya estaba presente en este Universo auto-reflexivo, consciente de sí mismo y constructor de un orden previo al ser humano.

Implica, además un reajuste masivo en nuestro entendimiento sobre el carácter y las bases fundamentales del conocimiento humano, de las ciencias, de la civilización y la cultura, incluyendo una percepción colectiva mucho más hospitalaria que la metafísica clásica, en capacidad de resolver la dicotomía entre mente y cuerpo, o la relación de la conciencia con la realidad física.

Se requiere revisar profundamente nuestro entendimiento acerca de la relación entre la parte y el todo en la realidad física, incluyendo lo que llamamos "nosotros" y el todo que calificamos como "Universo".

¿Adónde iré después de la muerte, donde estaba antes del nacimiento?

Ideas-genes

Soñar y planificar el destino confiere al humano una poderosa ventaja de sobrevivencia; el discernir que le es posible evitar aquel camino peligroso anteriormente desandado significa que se puede vivir para admirar la puesta subsiguiente de Sol.

Podemos establecer un paralelo entre la realidad del Universo entrópico y el nivel de perturbación humana. Somos también naturaleza y por ello no es sorpresivo que estemos descubriendo principios comunes que describen no sólo cómo se conducen las moléculas sino cómo nosotros también nos comportamos[19]. Aunque, el futuro nos expondrá continuamente a interrogantes inextricables, a insaciables acertijos sobre nuestra finitud entrampada en las cuatro dimensiones. Un acertijo no del futuro, sino del pasado y actual es el siguiente:

La tensión psicológica desatada por estos problemas naturales crea un nicho, un territorio mental al cual pueden migrar estos patrones que han mutado de anteriores ideas, y que proveen de interpretaciones o paradigmas temporales a las preguntas sin respuestas.

La naturaleza nos está imponiendo ya una manera diferente de razonar y es por alguna causa después de la gran teoría unificadora de la electricidad y el magnetismo del físico inglés James C. Maxwell, complementada luego por la relación einsteiniana entre la energía, la materia, la gravedad y la luz.

Una complicación superior de magnitudes cósmicas acontece por encima del orden aparente del mundo genético, más allá incluso del drama de los organismos biológicos, biotecnológicos y mecánicos.

Miles de millones de años atrás, sólo existían burbujas de protoplasma; miles de millones de años después existimos nosotros; así, toda la información que fue creada en el camino ha quedado almacenada en nuestra estructura. La información no sólo se acumula en la madurez de una mente humana a partir de la infancia, sino que también se genera, elaborada por conexiones que no estaban antes y que no se heredan.

Todos estos organismos son, a su vez, fuentes energéticas para órdenes superiores: son los patrones de información auto-generador que se bautizan como ideas-genes y que medran y prosperan en la conciencia o en la extensión mental porvenir, como las inteligencias artificiales, las enciclopedias galácticas, melodía mental sostenida por la materia bruta.

Las células orgánicas, las enzimas y la materia prima forman un caldo para fabricar lo que conocemos como *ADN*. Los virus son quienes asaltan este medio para tratar de reproducirse; la mente también fecunda sus parásitos en ideas y paradigmas. Los seres inteligentes reciben más información a través de las ideas-arquetipos que por la vía de los genes; pues las ideas evolucionan con mayor rapidez que los genes, y los cerebros son más fáciles de infectar que el *ADN*.

En ciertos estados mentales se desarrolla un drama intenso anti-armónico, donde las ideas pueden apresar las ansiedades, descarrilar las necesidades, e incluso suscitar la difusa avidez mental que llamamos curiosidad. Desde estos nichos mentales las ideas se expanden induciendo sus copias en otros cerebros con mayor chance de sobrevivir; las filosofías, las religiones, las teorías, las hipótesis son parásitos.

Las ideas que se transmiten pueden ser consideradas como entidades vivas en debate y competencia por espacio y energía. Una idea puede saltar de mente en mente, encasillada en una oración.

Arquetipos de la fe

Algunos patrones-ideas conducen a la renuncia total del mundo ordinario, produciendo dogmas susceptibles de suicidios masivos, celibatos, o intentos irracionales de propagar la creencia por la violencia; pero este arquetipo culmina en su auto-limitación.

Las ideas a manera de parásitos exitosos evolucionan en una simbiosis mutualista, como ejemplifican las ideologías, las filosofías, las teorías y las religiones estables y de larga duración, cuyos adherentes transmiten por milenios sus doctrinas y formalismos.

Incluso, estos arquetipos triunfantes pueden, incluso, absorber otras ideas protegidos por el volumen y *momentum* de la fe; pueden hacer que el órgano mental receptor tolere otras ideas parásitas.

Las mentes resultan el substrato de las ideas y las más simples de ellas son como enfermedades, algunas contagiosas y otras beneficiosas, algunas destructivas y otras sencillamente mutilantes; pero todas se sustentan de los organismos humanos, pues se nutren del proceso del pensamiento o de sus contenedores biológicos.

Las civilizaciones aparecen y desaparecen con una obstinada indiferencia a sus anteriores fracasos, y así sucederá en la historia futura. Pero estos arquetipos ideo-autónomos se han mantenido y perseveran nuevamente emergiendo del desorden, para encauzar en la creación a las estructuras biológicas, o tecnológicas.

La evolución cultural humana puede considerarse como el progreso de tales patrones-ideas, de esos arquetipos supra-conscientes cuyo objetivo es la auto-propagación cultural.

En nuestra forma de vida son ejemplos primos de tales arquetipos los mitos, las ideas animistas y religiosas, el arte rupestre, la ornamentación, las Venus talladas en hueso y marfil y, el más reciente de ellos, la instigación por salir al espacio estelar.

Cada concepto necesita de alguna defensa; la lógica, el evolucionismo, resultan algunos de tales mecanismos de protección, que funcionan como un sistema de alarma.

Información es orden

El método científico hoy aceptado, que es esencialmente el sentido común ordenado, es otro sistema conceptual de defensa que verifica la consistencia de otras ideas, antes de admitirles en el teatro mental. Sin dudas, es una ordenación más discriminatoria, aunque interactiva con la idea invasora procedente de baluartes mentales primitivos de resguardo que simplemente rechazaban cualquier idea sin inspeccionarla.

Por la Segunda Ley de la Termodinámica, desarrollada por Maxwell, el orden es una forma de inversión de la energía. Cuando un capacitor almacena energía eléctrica, los átomos bipolares dentro de ella se alinean, acumulando armonía; al descargarse los dos capacitores, y relajarse los dipolos, se disuelve la regularidad en corrientes. Por esa razón, la información es orden y es sustento.

Mientras las ideas-energía nadan en el cálido río de las culturas naturales y futuras mecánicas-electrónicas; otras ideas operarán como puras depredadoras, como las del genocidio en nuestra civilización. Esas, usarán la energía almacenada como información; devorarán bibliotecas electrónicas íntegras, o mentalidades completas para hurtar sus ideas-arquetipos.

Esas sociedades futuras, biológicas o tecnológicas, acumularán información, aunque no para compartirlos, sino para usarlas de forma egoísta y, por ende, destructiva; como ha sucedido con las ideas científicas y las tecnologías en los arsenales secretos de los ejércitos. Es la irracionalidad bestial trasladada al futuro, donde no será atractiva la conquista de los tecno-mecanismos, de las infraestructuras, los cuerpos materiales y los entes biológicos, sino la información, las ideas.

No solamente será objeto de gran polémica aceptar este tipo de "vida virtual" ante la futura producción de entidades originales que procuran la ingeniería genética y la nano-tecnología (la sinergia). La evolución de "nuevas especies", ya sean virtuales o inanimadas, es capaz de gestar un descontrol en el balance natural debido a que las reglas "lamarckianas" establecidas serán mucho más rápidas que las humanas.

De nuevo nos ilustra Edgar Morín[20]: "Estamos confrontados a una doble temporalidad; no es una flecha del tiempo lo que ha aparecido, son dos flechas del tiempo que van en sentido contrario. Estamos pues confrontados a ese doble tiempo que no solamente tiene dos flechas, sino que además puede ser a la vez irreversible y reiterativo.

Ha sido evidentemente la emergencia del pensamiento cibernético lo que lo ha demostrado. No era solamente el hecho de que, a partir de un flujo irreversible, pueda crearse un estado estacionario. Todo se reencuentra en todas las organizaciones vivientes: Irreversibilidad de un flujo energético y posibilidad de organización por regulación y sobre todo por recursión, es decir, autoproducción de sí".

Aún no es evidente cómo ella actúa en todo el conjunto social, en especial con una civilización y cultura envuelta en guerras, represiones y revoluciones donde grandes masas humanas se hallan desnutridas y permanecen en la ignorancia y avasalladas. Incluso las sociedades tecnológicas y democráticas no encuentran solución para la violencia y el desasosiego, y son incapaces de progresar sin lesionar el ecosistema.

Cierto es que el humano representa un enorme salto evolutivo, aunque se argumenta que su naturaleza psíquica no pertenece cabalmente al cerrado ecosistema terrestre. Los humanos pueden producir excelsas obras de arte, o pulsar avances científicos, pero se mantienen todavía bajo la regencia de áreas mentales arcaicas de su ascendiente animal, que en ciertas circunstancias sobrepujan al civilizado

La mecánica newtoniana dio lugar a la metáfora del corazón como un motor. Por otra parte, al desvanecerse la visión newtoniana de los átomos moviéndose dentro de un tiempo específico y un espacio fijo, se esfuma el concepto de que las leyes de la naturaleza son fijas y lo serán eternamente, que nos vemos gobernados por ella.

El criterio del reloj universal, de las máquinas de vapor, de los dínamos y la electricidad y de las pizarras telefónicas sirvió de metáfora para amoldar la manera que explicábamos el proceso del conocimiento y el funcionamiento de la mente.

A comienzos del siglo XX maduró una corriente intelectual que proyectaba a la mente humana como un dispositivo de aprendizaje general, cuya complejidad no era atribuible al medio cultural circundante; indudablemente que tras estas hipótesis radicaba una motivación social y política, que gesta las doctrinas más racistas de la época: el determinismo biológico.

Con la aparición de la teoría del catastrofismo ya no reputamos que ninguna especie se transforma en otra, que sobrevive y transciende por aptitudes excelsas, sino que las mismas emergen bruscamente para luego desaparecer millones de años después, o se ven aniquiladas rápidamente. Así, nuestra mente no evolucionó acorde con un puñado de reglas bien definidas, sino que lo hizo de forma oportunista.

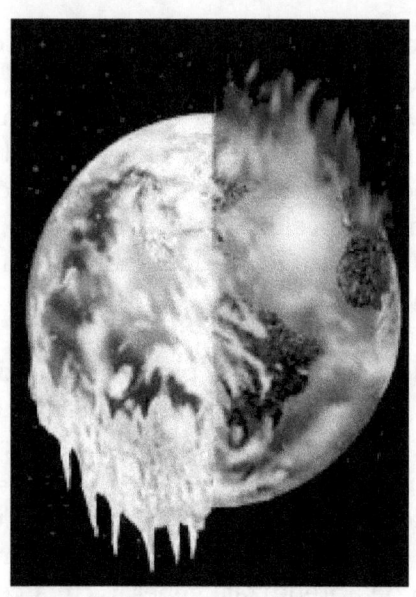

Congelamiento y Calentamiento

Mitología sumeria

El Hongo atómico

Edad de Hielo

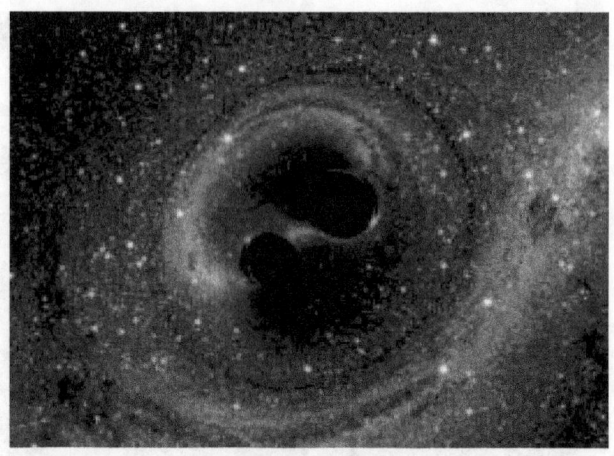

Agujero Negro

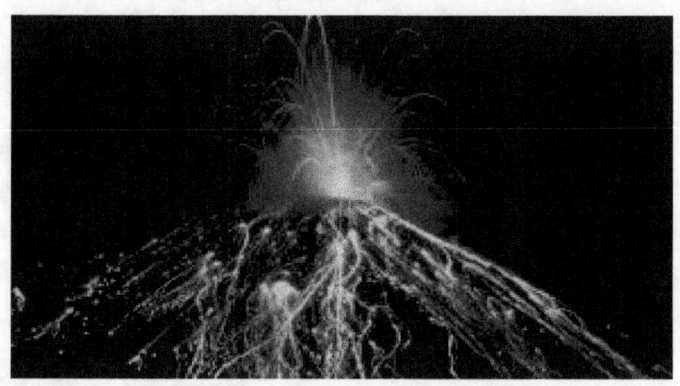

Erupciones volcánicas

6

La función semiótica

El lenguaje es la más notable creación del cerebro humano. En el curso de la evolución histórica, una palabra frecuentemente cambia de significado, por eso, muchos vocablos de la metafísica no satisfacen los requerimientos anteriores, y los que resultan carentes de significado. El metafísico no quiere significar esta relación empíricamente observable, pues sus tesis metafísicas serían proposiciones al igual que las correspondientes a cualquier ciencia.

El lenguaje fue definido de diversas formas; por el filósofo Ludwig Wittgenstein como el embrujador de la inteligencia, por Piaget como función semiótica, por Ferdinand de Saussure como sistema de oposiciones, por Noam Chomsky como resultado de cambios sintácticos, por Sigmund Freud como conciliador de la agresividad, o por Jacques Lacan como modelo isomorfo del inconsciente. ¿Existe una analogía entre el desarrollo del pensamiento y el desarrollo del lenguaje?

La importancia del habla en el desarrollo de las cadenas de pensamiento y del cerebro ya había sido planteada por los filósofos de la antigua Grecia y los del siglo XVII especialmente Thomas Hobbes. Los niños pasan gran cantidad de tiempo hablándose a sí mismos en voz alta, ensayando lo que después interiorizarán como habla interna, la base para acumular y evocar recuerdos, generalizaciones y perspectivas.

Es bastante difícil hablar de la memoria humana, porque no conocemos cómo funciona el cerebro en detalle. El reduccionismo que muchas veces se hace del humano, presentándolo como si fuese una máquina animal explica el comportamiento individual en configuraciones moleculares concretas; cuando tiene lugar el estudio de poblaciones de organismos este se reduce a la investigación de las cadenas de *ADN* que "codifican" memorias específicas. Ello nos da sólo una imagen parcial.

Por su parte, la biología molecular intenta masificar el sistema nervioso tratando de identificar los comportamientos como si estuviesen asociados a diagramas de conexiones. Casi todas las funciones del cerebro dependen de la memoria, pero el cerebro no es un ensamblaje de partes, y para entenderlo se tiene que partir de sus complejas interacciones, con el auxilio de varias disciplinas científicas, como la etología, la psicología, la fisiología, la bioquímica, la biología molecular, las matemáticas, etcétera.

Por medio del lenguaje transferimos cantidades inmensas de información, formas de pensar y modelos de análisis de una generación a otra. Hacemos uso actualmente de dos arquetipos de conocimiento: el científico que está afirmado en el pensamiento lógico y crítico, y el pensamiento humanista mágico de creencias trascendentales, asentado en la fe, en la tradición o en la experiencia (como los credos religiosos, los fenómenos paranormales, la percepción extra-sensorial, las apariciones de espíritus). Usualmente, aplicamos ambos a sucesos diferentes.

El lenguaje de la metafísica es la conceptualidad formada en su historia. Para Hans Gadamer[1]: "Lo que se manifiesta en el lenguaje no es la mera fijación de un sentido pretendido, sino una tentación reiterada de sumergirse en algo con alguien"

Jacques Derridá, al igual que el filósofo Martín Heidegger, profundiza en el potencial incierto de las diferenciaciones semánticas. Si lo literario supera la abstracción de lo escrito el área de la metáfora es la retórica. Según Rudolf Carnap[2]: "un lenguaje se caracteriza por sus reglas de formación, que especifican qué secuencias de signos se deben considerar como oraciones propias del lenguaje y por sus reglas de transformación, que establecen las condiciones en las que las oraciones se derivan válidamente una de otra.

Carnap formula su famosa distinción entre los modos materiales y formales del lenguaje; cuando se habla en el modo formal se refiere manifiestamente acerca de palabras, cuando se habla en el modo material se habla de palabras, aunque parezca que esa de cosas.

Considero fecunda la distinción que hizo Carnap entre los modos material y formal al llamar la atención sobre muchos enunciados filosóficos disfrazados por el lenguaje. En lo que estuvo muy equivocado Carnap fue en suponer que tales enunciados filosóficos eran sintácticos, al no incumbir la forma o el orden de las palabras, sino su uso"[3].

El lingüista norteamericano Noam Chomsky (1928-) argumentará que el humano nace con una sorprendente herencia intelectual innata, imposible de inducir mediante estímulos, a la que agrega el conocimiento adquirido. Chomsky[4] identifica un centro gramatical universal de imágenes, signos y esquemas, heredados -según él-, biológicamente y que capacitan a los niños para una rápida asimilación del lenguaje, sin necesidad de entrenamiento o esfuerzo; una habilidad que misteriosamente desaparece durante el crecimiento.

Este nuevo paradigma de Chomsky lleva a la revisión de las líneas de investigación del lenguaje al punto de dominar ese campo por décadas.

El lenguaje no es un artefacto cultural inventado en cierto momento histórico y trasmitido a los niños por el ejemplo de los adultos o la instrucción primaria. No existe el lenguaje de la edad de piedra, es más, ya es conocido que las culturas materiales más primitivas disponen de un lenguaje extremadamente sofisticado.

Incluso existen idiomas extintos, como el griego y el latín, mucho más complejos que cualquiera de las lenguas contemporáneas. El hecho de que la adquisición del lenguaje en la niñez es un instinto espontáneo que no requiere de esfuerzo consciente o instrucción formal nos lleva a inquirir sobre cuáles otros aspectos del intelecto también son resultados de los instintos.

El nombre es un sonido

Los idiomas hablados se subordinan a un formato no verbal, una estructura lógica profunda que es independiente a cualquier idioma específico. Sobre las definiciones de Aristóteles de sustantivo y verbo: "El nombre es un sonido que posee un significado establecido tan solo de una manera convencional, pero sin ninguna referencia al tiempo. Un sonido viene a ser un nombre, convirtiéndose en un símbolo[5]: "No-hombre" y otras expresiones análogas no son nombres. Llamémoslos, a falta de algo mejor, por el término de nombres indefinidos. (...) Un verbo es un sonido que no solamente lleva consigo un significado particular, sino que posee además una referencia temporal. Ninguna parte del mismo tiene significado (...) El verbo indica el tiempo presente, y los tiempos del verbo indican todos los tiempos excepto el presente (...) el que habla detiene con ellos su proceso ideático y la mente del oyente da a ello su aquiescencia".

Nosotros inventamos los lenguajes formales como las matemáticas, pero el proceso del pensamiento no es idéntico al lenguaje. El criterio prevaleciente hoy la no existencia de esa gramática primaria de Chomsky, y se ha desatado una revisión del carácter de las oposiciones binarias como principio estructural del lenguaje.

Esta primera fase de reconsideración es formalizada por el lingüista suizo Ferdinand de Saussure[6] (1857-1913), el cual en oposición a John Locke y acorde con Wittgenstein enfoca al lenguaje como un sistema y concluye que la estructura y dinámica responsable de su significado no se corresponde con la realidad externa, pues el lenguaje estructura la realidad humana. Los paradigmas de la lingüística -Saussure, Román Osipovich Jakobson (1896-1983)-, se invocaron entonces como alternativas; luego la hermenéutica y la retórica tuvieron sus turnos.

Las ideas de Saussure resultan seminales para el movimiento estructuralista y sus concepciones sobre las oposiciones binarias circularán como el elemento central en la fonología del lingüista de vanguardia ruso Jakobson, en la antropología de Levi-Strauss, en la narrativa estructural de Algirdas J. Greimas[7], y en los estudios críticos sobre la dramática del teórico literario y social francés Roland Barthes[8] (1915-1980).

Este grupo presume que la oposición binaria es una dinámica fundamental del sistema de procesamiento de las neuronas cerebrales, las cuales refleja en toda la estructura del significado.

Esta misma asunción es adoptada por la sociología del conocimiento, motivada por los estructuralistas. Pero, tales postulados se refutan por el círculo de-construccionista: Michel Foucault, Jacques Lacán y Jacques Derrida[9] (1930), cuyos trabajos promueven la escuela de-construccionista como estrategia de análisis adoptada por la literatura, la lingüística, la filosofía, el derecho y la arquitectura; sobre todo con el filósofo francés Foucault, cuyos estudios rebaten los postulados de Marx y de Freud.

En su crítica a las ideas de Saussure tanto Michel Foucault como Lacán aventuran que en la estructura del significado no existe una oposición binaria estática. Michel Foucault[10] cuestiona incluso la posibilidad del conocimiento objetivo para el discurso humano y la existencia subjetiva independiente que adquiere el conocimiento; y plantea que el homínido se crea en el espacio metafórico entre palabra y objeto, desapareciendo cualquier diferencia entre lo humano y la humanidad.

Para Lacán[11] el abismo en la estructura del significado de Saussure se expresa en funciones algebraicas (S/s), y según él, la prisión lingüística formulada por Nietzsche era un laberinto hacia pasadizos disímiles incapaces de brindar alguna definición del entendimiento coherente o consistente. Asimismo, para Karl Kraus el lenguaje revela todo el sistema moral y político donde se desenvuelve.

Esta misma asunción es adoptada por la sociología del conocimiento, propulsada por los estructuralistas. Pero tales postulados han sido refutados por el círculo deconstruccionista, entre ellos el filósofo francés Foucault y también Lacan quienes aventuraron que en la estructura del significado no existe una oposición binaria estática.

Por su parte Derridá reputa el lenguaje como un sistema de diferencias sin términos positivos, o con significados independientes; una especie de reacción en cadena donde es constante el juego de las semblanzas entre las oposiciones.

Este autor sugiere que nuestras construcciones lingüísticas contienen restos de elementos arcaicos, que impiden la inmediatez del presente y nunca libre de trazas que nos conectan con el pasado. Por su parte, Greimas[12] insiste en probar que los conceptos elementales del pensamiento humano son funciones de oposición binaria, y de forma similar, Levi-Strauss hace uso de las oposiciones binarias fundamentales en sus estudios sobre la estructura de la organización cultural.

Lo llamativo aquí es que virtualmente todos los ejemplos utilizados por Saussure para sostener sus tesis, serán luego aprovechados por sus opositores, cuyos postulados irónicamente bien pueden considerarse más como complementos a los de Saussure que sus antítesis.

Estos argumentos, sorpresivamente, han ejercido una profunda impresión en las escuelas literarias y facultades académicas dominantes sobre todo en la instrucción universitaria del Occidente, por razones que descansan en intereses filosóficos y sociopolíticos y en los intentos por amparar la integridad de las disciplinas humanistas ante el asalto de los métodos de las ciencias puras.

Las construcciones lingüísticas

Los de-construccionistas están en lo cierto cuando objetan que la oposición binaria no se halla asociada, como proponen obstinadamente los estructuralistas, pero, al no percatarse que se enfrentan a teoremas complementarios, se embrollan precisamente en el tema de las oposiciones[13].

Este callejón sin salida será advertido por Jacques Lacán y Jacques Derridá, quienes aseverarán que las construcciones estructurales de la realidad basadas en la lingüística siempre llevan a la nada. Pese a sus esfuerzos denodados, los de-construccionistas no logran patentizar la oposición binaria lingüística, como sucede por ejemplo en el lenguaje matemático entre los números reales e imaginarios, donde no hay forma de representarlos juntos en la misma recta infinita.

No puede negarse que las construcciones lingüísticas desempeñen un papel esencial en los orígenes y el carácter de la realidad diaria y en la evolución de la visión científica. Pero es totalmente erróneo considerar que la ciencia no es una forma de conocimiento basada en una epistemología exclusiva (las matemáticas y la física) como también lo es aseverar que su progreso reside en construcciones lingüísticas extra-científicas.

El lenguaje de la física matemática dispone de mayor capacidad simbólica que el lenguaje ordinario para descubrir la dinámica de la realidad.

El escape a este trágico solipsismo es muy simple, lo que los humanistas necesitan entender es que la base de la dinámica lingüística (ordinaria o matemática) que enfoque la realidad, nuestras construcciones conscientes, sólo puede ser la lógica de la complementariedad cuántica del físico danés Niels Böhr, pues el descubrimiento cuántico nos conduce a una profunda correspondencia entre nuestro conocimiento de la realidad y la realidad en sí.

Es totalmente erróneo considerar que la ciencia no es una forma de conocimiento basada en una epistemología exclusiva (las matemáticas y la física) como también lo es aseverar que su progreso reside en construcciones lingüísticas extra-científicas. El lenguaje de la física y las otras ciencias, es decir la matemática dispone de mayor capacidad simbólica que el lenguaje ordinario para descubrir la dinámica de la realidad.

El funcionalismo antropológico

La tendencia actual no es tanto una filosofía del lenguaje basada en las ciencias lingüísticas comparadas ni el ideal de una construcción del lenguaje que se inserte en una semiótica general, sino indagar la enigmática relación que existe entre el pensar y el hablar.

224

El que los fundamentos de la naturaleza a niveles subatómicos y de todo el Universo se muestren incomprensibles para el humano no reside sólo en la forma errónea que hemos organizado nuestro raciocinio con los reduccionismos de la lógica, sino también a que estamos apresados en un horizonte tridimensional, frente a un Universo de incontables dimensiones.

El biólogo y escritor victoriano Gilbert Keith Chesterton (1874-1936), y luego Einstein[14], rehúsan admitir la pugna que tiene lugar bajo la radiante superficie de la naturaleza entre la forma y lo informe, entre el caos y el anti-caos, que el genial poeta, novelista y científico que fuera Goethe, intuyera mucho antes.

Pero esta manipulación y este reduccionismo argumentados en el siglo XIX, no quedan circunscritos a los sociólogos; más escandaloso aún ha sido el caso de la rama antropológica que, por su cuenta y plagiando a Darwin, se fundamenta en una teoría de evolucionismo social, de periodización y etapas, a partir del dominio de los metales y de las tecnologías, para clasificar no sólo los hechos culturales, sino también las etapas por las que ha desandado la civilización.

Existe un agrio debate sobre el estatus de la antropología como ciencia humana, donde muchos antropólogos como el norteamericano Leslie A. White, el antropólogo funcionalista británico Alfred Radcliffe-Brown (1881-1955), o Bronislaw Kasper Manilowsky, titulaban sus obras como Ciencia de la Cultura, Ciencia de la Sociedad, Teoría Científica de la Cultura, etcétera.

La antropología, europea, sobre todo, desarrolló una consideración etno-céntrica, por medio de la cual la cultura propia del antropólogo se tenía como el paradigma de la civilización.

Este etno-centrismo tuvo su asidero en los paradigmas darwinistas de la evolución, de la preeminencia de los más aptos, y durante el siglo XIX y principios del XX sirvió de coartada, para sostener el derecho a colonizar a nombre de la "civilización" las áreas afro-asiáticas consideradas "atrasadas".

La socio-biología también investiga las divergencias y los parecidos culturales mediante la actividad biológica; de ella se ha desprendido una rama que busca demostrar la superioridad de unas razas por sobre otras, a partir de la herencia genética. Existe además la teoría creacionista promovida por las religiones cristiana e islámica, las cuales se plantean como una alternativa a ciertos paradigmas que va estableciendo la ciencia sobre el Universo, la sociedad y el humano.

También la rama de la Antropología económica, promovida por el francés Maurice Godelier pone en evidencia las incongruencias de la teoría del bienestar de los economistas clásicos (Adam Smith, David Ricardo, John Stuart Mill), y construye una antropología económica a partir de los "modos de producción" de Marx, la cual se pretende aplicar a todas las sociedades.

La antropología económica envuelve dos conceptos tomados del polaco Manilowsky: el "sustantivo" y el "formal". La economía sustantiva se corresponde al intercambio humano con su medio mediante la tecnología, y la economía formal implica el carácter lógico de las reglas de la elección de los medios.

Así, cada sociedad en su medio histórico se caracterizó por un tipo específico de esquema económico que imbricaba a la población. Por eso, en la actualidad lo es el "capital" y el "mercado", del cual se deriva la función del dinero.

Lo más generalizado ha sido el método de Manilowsky, fundador de la escuela del funcionalismo en antropología, y su rival, la antropología estructural inaugurada por Claude Lévy-Strauss.

Si sociólogos e ideólogos han planteado una periodización civilizadora reduccionista, a partir de un

226

ascenso lineal de modos de producción económicos (comunidad primitiva aldeana, esclavitud, feudalismo, capitalismo, etcétera), los etnólogos lo han hecho también al proveer el ingrediente del instrumento tecnológico (piedra, piedra pulida, cobre, bronce, hierro) como el componente que define cada etapa de la civilización y que impone una jerárquica hechura cultural, sicológica, espiritual y filosófica.

Sólo un puñado de pensadores deducen que el retroceso de la oscuridad y las tinieblas que nos habían esclavizado mentalmente desde el púlpito y los minaretes presagia la emergencia de otro nuevo y no menos intangible terror, aquel donde el poder netamente humano se considera infinito y sin restricciones, y destapa una violencia sin límites sobre la naturaleza ahora bajo su dominio y uso.

La estructura familiar

La estructura familiar en las distintas culturas ha sido objeto de investigación antropológica y su evolución uno de los puntos más debatidos, pues la antropología clásica clasificaba el grado de desarrollo a partir de la semejanza de la estructura familiar con la de Occidente, así aquellas culturas con una estructura familiar diferente eran catalogadas de inmediato como más atrasadas.

Lévy Strauss fue quien estableció la familia como un fenómeno universal en todas las culturas, con independencia de sus diferencias en estructura: de la familia nuclear (padres e hijos), familia extendida, la comunidad de familia, considerada como tal; las diferencias de la inter-relación: poligámica, poliginia y poliándrica, o combinaciones de ellas; y las diferencias de las reglas morales y éticas en cada cultura.

En muchas culturas el matrimonio es un mecanismo de supervivencia del grupo y las costumbres asociadas a la relación sexual se hallan relacionadas con la propiedad y su transferencia.

Asimismo, la antropología asocia la jefatura de un Estado con los orígenes del mismo, diferenciándola con la jefatura tribal a la que considera como un estadio anterior; enumerando los casos de los estados "hidráulicos" de Wittfogel: Mesopotamia, Egipto, India, china, y los imperios inca y azteca.

La teoría maltusiana de la tensión entre el crecimiento poblacional y la disponibilidad de recursos es utilizada por la antropología para explicar el control de la natalidad mediante el infanticidio femenino en ciertas culturas agrarias.

Por otro lado, la antropología señala a la educación como el instrumento manipulado por los estados modernos para controlar el pensamiento de sus súbditos, ritualizar el poder político y pautar las conductas. Considera la religión como un elemento funcional para cohesionar la población y la ubica en cierto grado de desarrollo social a partir de los estudios del etnólogo Frazer sobre la magia, la religión y la ciencia.

Pero este esquema de considerar religión sólo a los cultos con un corpus mitológico fue retado por el estudio de las creencias en las tribus. Si bien tanto los sociólogos como Mark Durkheim y Max Weber consideran a la religión como un fenómeno cultural de carácter universal, otros la han planteado como un mecanismo de control del pensamiento.

Los antropólogos, en especial el inglés Sir Evans Pritchard, realizaron la diferenciación religiosa entre monoteístas y politeístas, presentando a la primera como el estadio superior, aunque tal consideración es altamente debatible, puesto que la comparación religiosa conlleva la correlación de sistemas completos de signos y significados; el ejemplo de las tribus hebreas monoteístas y el politeísmo del desarrollado imperio romano.

Pero el tema de las religiones "primitivas" o "evolucionadas" es altamente complejo, pues se necesidad analizarlas a partir de lo filosófico, lo mitológico, lo ritual, lo ético y organizacional. Se considera que las sociedades con economías domésticas carecen de un cuerpo sacerdotal, el cual se organiza a partir del estadio urbano-esclavista, y que en los estadios inferiores se practica el sacrificio.

Aunque esta consideración se presenta muy original, la dificultad estriba en no servir de modelo para todas las culturas consideradas.

Los antropólogos admiten que, en los desórdenes mentales, como la esquizofrenia, si bien comparece el componente biológico, también es de considerar la presión de la cultura sobre los síntomas.

Entre las transferencias culturales hereditarias de padres a hijos, que pueden diferir de cultura a cultura, se hallan las formas morales, la alimentación infantil, el adiestramiento en las conductas, los sexuales, el de la violencia como función de dominio, etcétera.

La conceptualización de la superioridad del varón sobre la hembra se halla legitimada por los rituales, la simbología religiosa y la mitología. Tanto el judaísmo, el cristianismo y el islamismo certifican la supremacía masculina con dioses masculinos.

Una de las zonas de encuesta desechada por los antropólogos han sido las sociedades matriarcales, consideradas inferiores respecto a las patriarcales, y por tal no del todo atractiva a la investigación, ya que ello implica una inversión de los términos de poder.

NOTAS

INTRODUCCION
1 Giordano Bruno, Miguel Servet, etc.

PARTE PRIMERA
21 Darwin, Charles. *The Origin of Species by Means of Natural Selection*. Londres: Pelican. 1968.
22 Lamarck, Jean. *Filosofía zoológica* (1809), trad. por José González Llana, Valencia, F. Sempere, s/f. cap. IV, pp. 78-79.
23 Darwin, Pelican. 1968.
24 611-547 a. C.
25 1726-1797.
26 Cuvier. George. "Recherches sur les osemens fossiles". T. III; 3ª Ed.
27 1759–1806.
28 1672–1725.
29 1811-1877.
30 Huxley, Thomas H. *Presidential address*, "The Quarterly Journal of the Proceedings of the Geological Society of London", 25, 1869, pág. 7.
31 Bowler, P. J. (1978), "Hugo Marie de Vries and Thomas Hunt Morgan: The mutation theory and the spirit of Darwinism", *Annals of Science* 35 (1): 53-73. PMID 11615685.
32 Ídem.
1 1728-1779.
2 Darwin, Bs. As., TOR. S/f.
3 Darwin, Bs. As., TOR. S/f. p. 97.
4 Raby, Peter (2002) *Alfred Russel Wallace: A Life*. Princeton University Press...
5 Margulis, Lynn, y Sagan, Donon. *Captando genomas*. Editorial Kairós. Barcelona 2003.
6 Autor del Ensayo Sobre el Principio de la Población, en el que, dado el aumento constante de población, aconseja la limitación de los matrimonios y nacimientos para evitar un empobrecimiento progresivo de las clases sociales pobres, producido por la escasez de los medios de subsistencia.
7 Grassé, Pierre Paul. *Zoología. 1. Invertebrados*. Toray Masson S.A. Barcelona, 1976.
8 More, Louis Trenchard. *The Dogma of Evolution*; Princeton, NJ, 1925. p. 240.
9 Darwin, Bs. As., TOR. S/f.
10 Osborn, Henry Fairfield. *The Origin and Evolution of Life*. New York. Pike; 1917; p.24.
11 Lamarck, Jean. Filosofía zoológica (1809), trad. por José González Llana, Valencia, F. Sempere. S/f. cap. IV, pp. 78-79.

12 Schrödinger, Barcelona, Tusquets, 1990, p. 27.

13 Lewontin, Eric J. *The Big Bang never happened*. Times Book, Random House, New York. 1991.

14 Schopenhauer, Erwin. *Mente y materia* (1956), 4a ed., Barcelona, Tusquets, 1990, p. 234.

15 Gould, Stephen Gay. *La vida maravillosa*. Editorial Crítica, Barcelona, 1999.

16 McKinney, Michael. *El progreso, ¿un concepto acabado o emergente?* Tusquets Editores. Barcelona, España, 1995.

17 Mayr, Ernst. *Evolución*. Libros de Investigación y Ciencia. Evolución. 1979: 212.

18 Scheler, Max. *El puesto del hombre en el cosmos* (1928), Bs. As., Losada. (1928).

19 Sandín, Máximo, Agudelo, Diego Garay y Alcalá, J. G. compiladores. *Evolución: un nuevo paradigma*. Ediciones IIEH. Madrid.

20 Schopenhauer, vol. II. Libro I, cap. XVII, p. 176.

21 Estocasticidad.

22 Schrödinger, Tusquets, 1990, p. 24.

23 Morín, Edgar. La epistemología de la complejidad. Gazeta de Antropología, CNRS, París, 2004.

24 Benemelis, Juan F. *De lo Finito a lo Infinito*. Benya Publishers, Miami, 2008.

25 Torres Martínez, Raúl: *Los nuevos paradigmas en la cual revolución científica y tecnológica*, Euned, San José, 2003, pág. 4)

26 Schrödinger, Tusquets, 1990, pp. 32-33.

27 Marcuse, Herbert. *El hombre unidimensional* [1964]. Joaquín Mortiz, México 1968. pp. 177 y ss.

28 Marx, Karl. *Contribution to the Critique of Political Economy*. Chicago: Charles Kerr Edition, (1859) 1904.

29 Poincaré, Henri. *La Ciencia y la Hipótesis*. trad. por Alfredo B. Besio y Josér Banfi, Bs. As., Espasa–Calpe, 1943. pp. 67–68.

30 Gregor J. Mendel, 1822-1884.

31 No externos.

32 Dobzhansky. Theodosius. *Genetics and the Origin of Species*. (The Columbia Classics in Evolution) Paperback, 1982.

33 Simpson. George Gaylord. *Tempo and Mode in Evolution*. Columbia, N. Y., 1944.

34 Foucault, Michel. *Las palabras y las cosas*. trad. Elsa C. Frost, México, Siglo XXI, 1985, pp. 6, 58–59.

35 Ídem.

PARTE SEGUNDA

1 Boyd, Robert y Peter J. Richardson. La Cultura y el proceso evolucionario. En Gary Olson, De las neuronas espejo a la neuropolítica moral. *Rebelión*. 03-05-2008.

2 Mannheim, Karl. *Ideology and Utopia: An Introduction to the Sociology of Knowledge*. Kessinger Publishing Company. 2011.
3 Dilthey Wilhelm. (1883) *Introduction to the Human Sciences*. Princeton University Press. Reprint.
4 Descartes, René. *Discurso del método*. Alborada Ediciones. 1989. Tomo V, Obras Completas.
5 Virus que destruyen ciertas bacterias.
6 Williams, George Christopher; James G. Paradis. *Evolution and Ethics*. Princeton University Press, Princeton, N. J. 1989.
7 Sandín. Esteban. Ed. Investigación cualitativa en educación, Fundamentos y tradiciones. IIEH, Madrid, 2003.
8 Dawkins, NY: Oxford University Press. 1989.
9 Dawkins, NY: Oxford University Press. 1989.
10 Williams, Princeton, N. J. 1989.
11 Darwin, Bs. As., TOR, s/f. p. 47.
12 Mayr, Harvard University Press. 1998.
13 Heidegger, NY; Harper and Row, 1977
14 Dawkins, George Richard. *The Selfish Gene*. 2d. Ed., NY: Oxford University Press. 1989.
15 Idem.
16 Dawkins, NY: Oxford. 1989.
17 Ídem.
18 Ídem.
19 Hobbes, Thomas: *Leviatán* (1651), trad., Por Manuel Sánchez Sarto, México, F.C.E., 1940. Parte I, cap. 13.
20 *The Economist*, 02-25-1995.
21 Mayr, Ernst. *Toward a new philosophy of biology*. Cambridge: Harvard University Press. 1988.
22 Rousseau, Jean Jacques: *El Contrato Social* (1762) Madrid, Orbis. S/f., I, cap. VIII.
23 Sófocles. Jean Jacques: *El Contrato Social* (1762) Madrid, Gredos, s/f.
24 Davidson, Donald. *De la idea misma de un esquema conceptual* (1974), en De la verdad y de la interpretación. Barcelona, Gedisa, 1995, p. 143.
25 Scheler, Losada, 1928.
26 Ídem.
27 Darwin, Londres: Pelican, 1968.
28 Cesare Lombroso (1835-1909).
29 Paul Broca (1824-1880).
30 Wilson, Edward O. *Socio biología: La nueva síntesis*. Ed. Omega, 1980.
31 Eysenck, Hans Jürgen. *Intelligence and Education*. Harper & Row, 1972; Herrnstein. Free Press Paperback, 1994, y Jensen. Praeger, 1998.
32 Burt, University of London Press, Lt., 1950.
33 Deranged amígdalas.

34 Darwin. Bs. As., TOR. S/f. p. 143.
35 Gould, Harvard University Press. 2002.
36 Cavalli-Sforza, 1st Amer Ed., 1994
37 Enero 16 de 1995.
38 Ídem.
30 Wagensberg, 1998. Tusquets Editores.
40 Stebbins, 1985. (108): 4253.
41 La Mettrie, Ed. Univ. de Bs. As., 1962, p. 71.
42 La Mettrie, Ed. Univ. de Bs. As., 1962, p. 62.
43 Katz, Penguin Books Ltd, 1953, cap. VI.
44 Pinillos, Madrid, Salvat, 1969, vol. 24.
45 Ídem.
46 Cassirer. Ed. FCE, México D.F. 1977.
47 Yutang. Biblioteca Nueva, 1957, p. 18.
48 Hartmann, Losada, 1957, Tomo II, pp. 453-455.
49 Hartmann, Losada, 1957, Tomo II, p. 456.
50 Gmurman, Moscú, Mir, 1974, § 3, p. 19.
51 Freud, Gesammettc Schriften, III, 1925, p. 314.
52 Idem.
53 Idem.
54 Idem.
55 Freud, 1912- 1913. Librodot.com.
56 Mannoni, London, NLB, 1971.
57 Foucault, México, Siglo XXI, 1985.

PARTE TERCERA
1 Fisher, O. *On the physical cause of the ocean basins*, "Nature", 25, 1882, págs. 243-4.
2 Rieznik, Pablo. Sobre el origen del "catastrofismo" en la revista *Cultura*, 28 de enero de 2015. Ed. Impreso No. 1348.
3 Rieznik. *Cultura*, 2015. No. 1348.
4 Los bacteriófagos son virus que infectan exclusivamente a las bacterias.
5 Clemens, Williams A. Evolution of the vertebrate fauna during the Cretaceous-Tertiary transition. In Dynamics of extinction; ed. D.K. Elliott. New York: 1986.
6 Cairns–Smith, Alexander Graham. *Genetic takeover*. Cambridge: Cambridge University Press, 1982.
7 1726-1797.
8 1769-1832.
9 1798-1874.
10 Bartholomew, Madaule, M. *Lyell and Evolution: An account of Lyell's response to the prospect of an evolutionary ancestry for man*, "The British Journal for the History of Science", 6, 1972-73, págs. 261-303.
11 K para Cretáceo y T para Terciario.

12 Rieznik. Cultura, 2015. No. 1348.

13 More, Louis Trenchard. The Dogma of Evolution; Princeton, NJ, 1925, p. 240.

14 Darwin, George H.: *Problems connected with tides of a viscous spheroid*, "The Philosophical Transactions of the Royal Society of London", 170, 1870, págs. 539-593.

15 Darwin, 170, 1870, pág. 580.

16 Darwin, Charles; Journal of Researches into the Natural History and Geology of the Countries Visited during the Voyage of H.M.S. Beagle Round the World; under date of January 9, 1834.

17 Osborn, Henry Fairfield. The Origin and Evolution of Life; New York, Pike, 1917; p.24.

18 Cannon, Walter F.: *The uniformitarianist-catastrophist debate*, "Isis", ti, 1960, págs. 38-55. Coilet, L. W.: *The Alps and Wegener's theory*, "The Geographical Journal", LXVII, 1926, págs. 301-312.

19 Muller, Hermann J. "The Works of the Genes," in Clarence G. Little, and Lawrence H. Snyder. Genetics, Medicine and Man (1947), p. 27.

20 En el grupo figuran David Jablonsky, David Raup, Adolph Seilacher, Jack Sepkoski, Frank Asaro, Helen Michel, Herbert Shaw, Victor Clube, Kenneth Hsü, Stephen Gold y otros.

21 Como han sugerido Michael Rampino y Richard Stothers de la NASA.

22 Alvarez, Walter / Frank Asaro. The Extinction of the dinosaurs; in Understanding Catastrophe, edited by Janine Bourriau. Cambridge: Cambridge University Press, 1992, pp. 46-47.

23 K por Cretáceo en alemán y T por Terciario.

24 Comprende la Paleozoica, Mesozoica y Cenozoica.

25 Tjeerd H. Van Andel; New Views on an Old Planet; A History of Global Change; second edition; Cambridge University Press; 1985, 1994, pag. 377.

26 Rutenio, Rhodio, Palladiom Osmio, Iridio y Platino.

27 En Italia, Dinamarca, Nueva Zelandia, Haití, Canadá, España, Estados Unidos, en el Pacífico, el Atlántico, el océano Índico en la Antártica.

28 Los científicos Vladilen S. Letokhov y George Bekov del Instituto de Espectroscopía de Moscú han confirmado la existencia de iridio extraterrestre en Turkmenia, para el período K-T.

29 Jeffreys, Sir Harold. The Earth, Its Origin, History and Physical Constitution. 2nd ed.; 1929, p. 303.

30 La antigua Gondwanalandia y Laurásia.

31 Flint, R. F.; Glacial Geology and the Pleistocene Epoch. New York, John Wiley and Son; 1947; pp. 9-10.

32 Heim, Arnold and August Gausser. The Throne of the Gods, an Account of the First Swiss Expedition to the Himalayas. 1939; p. 218.

PARTE CUARTA

1 Período de la era Terciaria que sigue al Oligoceno.

2 Último período de la era Terciaria.

3 Segundo período de la era Cuaternaria.

4 Buckland, William. Geology and Mineralogy; Philadelphia, 1837.

5 Ídem.

6 Agassiz, Louis; Etudes sur les glaciers; Neuchatel 1840; (Digital book on Wikisource) p.314.

7 Brooks, Charles Ernest Pelham. Climate through the Ages (2nd ed.; 1949), p. 281.

8 Kuenen, Philip H. Marine Geology. New York: Wiley; London: Chapman / Hall, (1950), p. 538. Daly, R.A.; Our Mobile Earth; 1926; pp. 177-179.

9 Darwin, Charles; Geological Observations on the Volcanic Islands and Parts of South America, Pt. II, Chaps. IX and XV.

10 Brooks; 1949, p. 300

11 Godwin, Harry. "Studies of the post-glacial history of British vegetation", Transactions of the Royal Society of London, Ser. B. Vol. 230, February 1940.

12 A. G. McNish. "On Causes of the Earth's Magnetism and its Changes," Ch. VII, in Terrestrial Magnetism and Physics, Physics of the Arth, VIII, Nat. Res. Council, J. A. Fleming, ed. 1939; p. 326.

13 Agassiz; ob. cit. p.311.

14 Electrical, magnetic, química, nuclear.

15 Tyndal, John. Heat Considered as a Mode of Motion. (1883) pp. 188-189. Keller, ed. 1917. The Reader´s Digest of Books.

16 Schaeffer, Claude F.A. Stratigraphie comparée et chronologie de l'Assie Occidentale (III° et II° milénaires). Oxford University Press, 1948, p. 225.

17 Censorinus, Lacus Curtius. Liber de die natali. xviii. Hultsch, Fridericus (Friedrich Otto) 1833-1906.

18 Aristotle. On the Heavens, II, ii (transl. W. K. C. Guthrie, 1939

19 Philo. On the Eternity of the World. (Transl. F. H. Colson, 1941), Sec. 8.

20 Hesiod. Theogony (transl. Evelyn-White, 1914), II, 693 ff.

21 To Minerva, in Orphic Hymns (transl. A. Buckley), ed. with the Odyssey of Homer. 1861.

22 Plato. The Statesman of Politicus (transl H. N. Fowler, 1925). pp. 49, 53.

23 Pearson, Alfred Chilton. The Fragments of Sophocles. Cambridge University Press, 2010. III.

24 Eurípides. Electra (transl. Arthur S. Way), Vol. II, 727 ff. Harvard University Press. Loeb library Edition, 1958.

25 Strabo. The Geography, i, 2, 15. Harvard University Press. Loeb library Edition, 1958.

26 Seneca. *Thyestes* (transl. F. J. Miller), II. 1001 ff. London, New York, 1917.

27 Solinus, Caius Julius. *Polyhistory.* French transl. by M.A. Agnant, 1847, Cahp, xi.

28 Laurenti Lydus, Johannis. Liber de ostentis et calendaria Graeca omnia (ed. by C. Wachsmuth, 1897), p. 171. Paperback, English.

29 Pomponius Mela. *De situ orbis*, i. 9. 8. Harvard University Collection. Digitalized by Google.

30 Ovid. *Metamorphoses* (transl. Frank Justus Miller). 2 Vols. (Vol. I and Edition).

31 *The Poetic Edda: Völuspa* (transl. from the Icelandic by H. A. Bellows, 1923), 2nd stanza.

32 Kalevala. Rune 9. *Origin of Iron.* Translated by John Martin Crawford. Genius.com

33 Holmberg, Uno. *Finno-Ugric, Siberian Mythology* of All Races. (Boston, 1927; repr. 1964), p. 370.

34 Joshua 10:11.

35 Ginzberg, Louis. *Legends of the Jews* (1925), I, 4, 9-10, 72; V, 1, 10. Philo, Moses, II, x, 53.

36 Pirkei Rabbi Elieser 41; *Ginzberg, Legends*, VI, 45, 46. Pintel-Ginsberg Bibliography Eisenberg, Yaudan.

37 Babylonian Talmud. *Tractate Sanhedrin* 108b.

38 IV Ezra 14:4.

39 Gardiner, Alan H. *Admonitions of an Egyptian Sage from a hieratic papyrus* in Leiden 1909. (Nook Book)

40 Müller, Wilhelm Max. *Egyptian Mithology.* Vol WII in Marshall Jones, ed., The Mythology of all Races, Boston, 1918. p. 25.

41 Herodotus, *The Histories*, Bk, ii, 142 (transl. A. D. Godley, 1921.

42 Speelers, Louis. *Les Textes des Pyramides Egyptiennes.* Tome Premier, Unknown Binding, (1923), I.

43 Lange, Hans O. *Der Magische Papyrus Harris* (Copenhague 1927), p. 58.

44 Leningrad, 1116b recto.

45 Pogo, Alexander. *The Astronomical Ceiling Decoration in the Tomb of Senmut (XVIIIth Dinasty), Isis.* Saint Catherine Press, (1930), p. 306.

46 Erman, Adolf. *Egyptian Literature* (1927), p. 309. Cf. also J. Vandier: La Famine dans l'Egypte ancienne (1936), p. 118. Routledge, 1 edition, July 29, 2012.

47 Sharpe, Samuel. *The Decree of Canopus in hieroglyphics and Greek.* (1870). Publisher London, J. Russel Smith

48 Frobenius, Leo Viktor. *The Origin of African Civilizations.* Smithsonian Instituion, Annual Report. (1899) Frist published in German. Dichten und Denken im Sudan (1925), p. 38.

49 Koran, Sura LV.

50 *The Epic of Gilgamesh* (transl. R. Campbell Thompson, 1928. Forgotten Books, Paperback, January 11, 2008.

51 *The Seven Tablets of Creation*, ed. Leonard William King (1902). Pub for the British Academy by H. Milford. Oxford University Press, 1918.

52 The Bundahis in Pahlavi. Texts (transl. E. W. West) *The Sacred Books of the East*, V (1880), Pt. I, p.17.

53 Nyberg, Henrik Samuel. Die Religionen des alten Iran (1938), pp. 28 ff. published by Alessandro Bausani. *Persia religiosa da Zarathustra a Baha ullah*. Milano 1959.

54 Nyberg, The book of Benkart (Upsala, 1934), p. 9. Alessandro Bausani. Persia religiosa da Zaratrusta a Baha ullah. Milano 1959.

55 Volney, Constantin Francois. *New Researches on Ancient History* (1856), p. 157. Translated from the French by Corbet, 2 vols, 8vo. London.

56 Suyra-Siddhanta, Cap. VII (transl. Ebenezer Burgess). Journal of the American Oriental Society 6, 141/498.

57 Bentley, John A. *Historical View of the Hindu Astronomy* (1825), p. 76. Internet Archive BookReader.

58 Hertel, Johannes. Encyclopaedia Iranica, Leipzig, 1924/ Die Himmelstore im Veda und im Awesta (1924), p. 28.

59 Moor, Edward. *The Hindu Pantheon* (1810) p. 102; A. von Humboldt, Vues des Cordilléres (1816), English transl.: Researches Concerning the Institutions and Monuments of the Ancient Inhabitants of America (1814), Vol. II, pp. 15 ff. Reprint Edition. Kessinger Publishing, LLc, 2003.

60 Warren, Henry Clark. *Buddhism in Translation*. Harvard Oriental Series. Harvard University Press, Vol. 3. (1922), p. 322.

61 Schlegel, Gustaaf. *Uranographie chinoise* (La Haye, 1875), p. 740. EBook.

62 *Les Mémoires historiques de Se-ma Tsien* (Transl. Edouard Chavannes, 1895), p. 47. Internet Archive the BookReader

63 Graham, A. C. *The Book of Lieh-tzu*, London, John Murray, 1961. Hoei-Nan-Tze in Textes Taöistes.

64 *The Annals of the Bamboo Books*, in Prolegomena. Vol.3, Pt. 1 of the Chinese Classic (transl. James Legge, 1879), p. 112. Hong Kong University Press, 1960.

65 Bellamy, Hans Schindler. *Moons, Myths and Man*. London, Faber and Faber, 1936. p. 69.

66 Nihongi. *Chronicles of Japan from the Earliest Times* (transl. W. G. Aston. Transactions and Proceedings of the Japanese Society, I (1896), 37 f., 47. Kindle Store.

67 Dixon, Roland Burrage. *Oceanic Mythology*. New York, Cooper Square Publishers, (1916), p. 178.

68 Williamson, Robert W. *Religious and Cosmic Beliefs of Central Polynesia* (Cambridge, 1933), I, 89.

69 Olrik, Af Axel. *Ragnarok* (German ed. 1922), p. 407. Digitalizado.

70 Brasseur de Bourbourg, Charles Etienne. *S'il exite des Sources de l'histoire primitive du Mexique dans les monuments égyptiens*, etc. (1864), p. 19.

71 Brasseur de Bourbourg, Charles Etienne. *Histoire des nations civilisées du Mexique et de la Amérique centrale, durant les siécles anterieurs a Christophe Colomb*, (2 vols. Paris) Vol. i, (1857-1859), 53.

72 Alva, Fernando de. Ixtlilxochitl; *Obras Históricas* (1891-1892), Vol. II, Historia Chichimeca. UNAM, México, 1975

73 Gómara, Francisco López de. *Historia general de las Indias. Conquista de México* (1870 ed.), II, 261. Editorial Iberia, Barcelona. 1954.

74 Brasseur. *Histoire des nations civilisées du Mexique*, I, 206. Universidad de Lausanne, digitalizado.

75 Brasseru, *Manuscrit Troano*. Etude sur le systeme graphique et la langue des Mayas (2 vols., Paris) (1869), p. 141.

76 Brasseur. *Sources de l'histoire primitive du Mexique*, pp. 30, 35, 37, 47.

77 G. Folgheraiter in Rendi Conti del Licei. 1896, 1899: Archives des sciences physiques et naturelles (Geneva), 1899; *Journal de physique*, 1899; P.L. Mercanton, "La Méthode de Folgheraiter et son rôle en géophysique," Archives des sciences physiques et naturelles, 1907.

PARTE QUINTA

1 La Mettrie, Julien Offray.

2 Síndrome anti-inmunológico.

3 Rene René. *Discurso del método*. Alborada Ediciones. 1989.

4 Wood, Bernard A. *Origin and early evolution in Homo*, Eds Frine FE.1991.

5 Scheler, Max. *La Idea del hombre y la historia*. Ediciones elaleph.com. Libros Tauro.

6 Ludwig Wittgenstein. Remarks on the Philosophy of Psychology, Vols. 1 and 2, translated by G. E. M. Anscombe, ed. G. E. M. Anscombe and G. H. von Wright (1980).

7 Wigner. Eugene; Simmetries and Reflections; Woodbridge, Connecticut: Ox Bow Press, 1979; en Laddy Dossey; ob. cit., p. 123.

8 Ídem.

9 Cavalli-Sforza, Luca, Paolo Menozzi y Alberto Piazza. *The History and Geography of Human Genes.*Princeton University Press, 1st Amer Ed., 1994

10 John Carew Eccles. The Wonder of Being Human. Our Brain & Our Mind, with Daniel N. Robinson, New York, Free Press 1984.

11 Ídem

12 Idem

13 Los códigos genéticos de las moléculas del *ADN* sólo pueden programar proteínas y determinar la secuencia de los aminoácidos en estructuras.

14 Schopenhauer, Arthur: *El Mundo como Voluntad y Representación* (1844), trad. Eduardo Ovejero y Maury, Bs. As., El Ateneo, 1950. vol. II, Secc. II, cap. V, p. 69.
15 Alsberg, Paul. In Quest of Man. A Biological Approach to the Problem of Mans place in nature. Ed. J. Dodd. Ebook.
16 Ídem.
17 Idem.
18 Kant. Immanuel: *Filosofía de la Historia* (1784), trad. Eugenio Ímaz, México, FCE 1985.
19 Ante'bi, Elizabeth and David Fishlock. *Biotechnology: strategies for life*. Cambridge: MIT Press, 1985.
20. Morín, Edgar. **La epistemología de la complejidad.** Gazeta de Antropología, CNRS, París, 2004.

PARTE SEXTA
1 Gadamer, Hans-Georg. *Verdad y método*. Salamanca. Sígueme. 1992, T-II.
2 Ayer, Alfred Jules. *El positivismo lógico*. México, F. C. E., 1965.
3 Ídem.
4 Chomsky, Naom. *Language and Mind*. Nueva York: Harcourt, Brace, and Jovanovich, 1972.
5 Aristóteles. *Lógica* (-384/-322), s/d, Libro II: La interpretación. Tres Tiempos, 1982.
6 Saussure, Ferdinand de. *Course in General Linguistics*. Roy Harris (trad.) Londres, Duckworth, 1983.
7 Greimas, Algirdas Julien. *Semantique structurale*. Paris: Larousse. 1966.
8 Barthes, Roland. *Le degré zero de l'écriture*. París. Seuil, 1953.
9 Derridá, Jacques. *Margins of Philosophy*. A. Bass (trad.). Chicago: University of Chicago Press, 1982.
10 Foucault, Michel. *The Order of Things. An Archeology of the Human Science*. Nueva York: Vintage and Random House. 1973.
11 Lacán, Jacques. *Écrits. A Selection*. A. Sheridan (trad.) Nueva York: W. W. Norton, 1977.
12 Greimas, Paris: Larousse. 1966.
13 Pribram, Karl. *Languages of the Brain*. Monterrey: Wadsworth, 1977.
14 Einstein, Albert. *The World as I See it*. Londres: John Lane, 1935.
13 Haldane, John B. S. *The Causes of Evolution*. Princeton Science Library. Princeton University Press, 1990.
14 Muller, Hermann J.; Clarence G. Little, and Laurence H. Snyder. *Genetics, Medicine and Man*. Cornell University Press, Ithaca, New York, 1947.p. 27.